微信小程序项目开发实战
用WePY、mpvue、Taro打造高效的小程序

张帆◎著

电子工业出版社
Publishing House of Electronics Industry
北京·BEIJING

内 容 简 介

本书的原则是实战，目标是高效开发微信小程序。借助 WePY、mpvue、Taro 等多个框架，帮助读者从零开始迅速掌握小程序的开发步骤和技巧。全书不仅涉及小程序的前台 UI，还涉及后台逻辑的编写，旨在让读者真正获得小程序项目的开发能力。

本书主要分为三个部分。第一部分介绍微信小程序的组件和 API，以及官方的 WePY 框架的下载和使用方法。第二部分是 WePY 框架的实战，包括问卷、传感器、富文本显示、上传文件、Canvas 等常用小程序的开发。第三部分是两个常用的小程序框架 mpvue 和 Taro 的实战案例，包括"历史今日"、星座测试小程序的开发。

本书适合想要制作和学习微信小程序的读者，尤其适合零编程基础的爱好者和小程序开发的初学者，读者无须理解过于基础的部分，本书以需求中的功能为开发的重点，涉及大量流行的小程序实例。本书可以快速提高读者的兴趣，进而使读者更加深入地学习相关知识。

未经许可，不得以任何方式复制或抄袭本书之部分或全部内容。
版权所有，侵权必究。

图书在版编目（CIP）数据

微信小程序项目开发实战：用 WePY、mpvue、Taro 打造高效的小程序 / 张帆著. —北京：电子工业出版社，2019.6
ISBN 978-7-121-36635-2

Ⅰ．①微… Ⅱ．①张… Ⅲ．①移动终端—应用程序—程序设计 Ⅳ．①TN929.53

中国版本图书馆 CIP 数据核字（2019）第 100419 号

责任编辑：董　英
印　　刷：三河市良远印务有限公司
装　　订：三河市良远印务有限公司
出版发行：电子工业出版社
　　　　　北京市海淀区万寿路 173 信箱　　邮编：100036
开　　本：787×980　1/16　　印张：21　　字数：463 千字
版　　次：2019 年 6 月第 1 版
印　　次：2019 年 6 月第 1 次印刷
定　　价：79.00 元

凡所购买电子工业出版社图书有缺损问题，请向购买书店调换。若书店售缺，请与本社发行部联系，联系及邮购电话：（010）88254888，88258888。
质量投诉请发邮件至 zlts@phei.com.cn，盗版侵权举报请发邮件至 dbqq@phei.com.cn。
本书咨询联系方式：010-51260888-819，faq@phei.com.cn。

前　言

微信小程序以一种极度轻量化、无处不在、用完即走的方式全面连接人与服务，在给用户带来了更好的体验的同时，大幅降低了开发的门槛和成本。因此，几乎所有企业都上线了小程序，小程序的数量和小程序开发者的数量都在持续增长。目前小程序的数量超过 100 万，小程序开发者的数量超过 150 万，小程序俨然成了当下最火热的开发者平台之一。

本书的目的就是帮助开发者快速开发一个小程序。本书抛弃了其他图书逐步介绍微信组件和 API 的手法，毕竟这些内容微信官方文档已经讲得很详细了。本书从实战入手，通过微信官方提供的 WePY 框架和第三方框架 mpvue、Taro，演示 7 个小程序项目的全部制作步骤，尤其是 Taro 框架，还可以将微信小程序转换为其他小程序，如今日头条小程序。

本书不同于其他书的特色还有：

- 提供几乎所有的项目源代码

  为了便于读者理解本书介绍的小程序，书中介绍的项目均提供可以运行的源代码，读者可以通过博文视点官网下载本书的项目代码。
- 7 个真实应用环境中流行的小程序项目

  本书的实例选择了在小程序应用环境中常见的几种应用，最终的成品可以直接在项目环境中运行，读者不仅可以在学习中参考，也可以直接取出部分功能放在自己的项目中。
- 3 个流行微信小程序开发框架

  本书以微信官方提供的 WePY 框架开发为主，为方便读者，还提供了流行的 mpvue 和 Taro 两个小程序框架的实例。这些框架可以帮助读者快速高效地开发小程序。如果你是熟悉 Vue 或 React 的前端开发人员，可降低学习成本、迅速入门。

如果你想开发一个微信小程序，但不知道如何下手，

如果你想开发多种小程序（微信小程序、今日头条小程序等），却没有解决方案，

如果你想快速开发一个微信小程序，

如果你想从软件开发转向微信小程序开发，

那么本书是一本非常适合你的参考资料。

读者服务

轻松注册成为博文视点社区用户（www.broadview.com.cn），扫码直达本书页面。

- **下载资源**：本书如提供示例代码及资源文件，均可在 下载资源 处下载。
- **提交勘误**：您对书中内容的修改意见可在 提交勘误 处提交，若被采纳，将获赠博文视点社区积分（在您购买电子书时，积分可用来抵扣相应金额）。
- **交流互动**：在页面下方 读者评论 处留下您的疑问或观点，与我们和其他读者一同学习交流。

页面入口：http://www.broadview.com.cn/36635

目 录

第 1 章 走进微信小程序 1

1.1 小程序的起源 1
    1.1.1 什么是小程序 2
    1.1.2 小程序的发展 3
1.2 开发小程序的第一步 4
    1.2.1 注册小程序 4
    1.2.2 设置小程序 6
1.3 小程序开发工具 8
    1.3.1 下载和安装 8
    1.3.2 图解常用功能 11
1.4 实战 1：Hello World 13
    1.4.1 编写页面链接 13
    1.4.2 编写新页面内容 15
1.5 什么是 WePY 17
    1.5.1 为什么选择 WePY 17
    1.5.2 WePY 开发环境的安装 18
1.6 实战 2：WePY 版 Hello World 20

         1.6.1 创建 HelloWorld 项目 20
         1.6.2 编写页面代码 23
   1.7 小结和练习 26
         1.7.1 小结 26
         1.7.2 练习 26

第 2 章 微信小程序组件 27
   2.1 小程序的视图容器 27
         2.1.1 最基础的组件：view 28
         2.1.2 可滚动视图区域：scroll-view 28
         2.1.3 轮播图片：swiper 28
         2.1.4 可移动视图容器：movable-view 29
         2.1.5 超过原生组件的层级：cover-view 和 cover-image 30
   2.2 小程序的基础组件 32
         2.2.1 图标组件：icon 32
         2.2.2 文字组件：text 33
         2.2.3 富文本组件：rich-text 34
         2.2.4 进度条组件：progress 34
         2.2.5 表单组件：form 35
         2.2.6 极其重要的按钮组件：button 36
   2.3 媒体组件和导航组件 37
         2.3.1 导航组件：navigator 37
         2.3.2 图片组件：image 38
         2.3.3 视频组件：video 和 API：wx.createVideoContext 43
         2.3.4 拍照组件：camera 和 API：wx.createCameraContext 45
   2.4 地图组件和画布组件 50
         2.4.1 地图组件：map 50
         2.4.2 画布组件：Canvas 和 API：wx.createCanvasContext 51

2.5 小程序提供的 HTML 支持和开放能力支持 54
2.5.1 开放数据域：open-data 55
2.5.2 HTML 等网页支持：web-view 56
2.5.3 开发者的收入来源：ad 58
2.5.4 小程序引导关注公众号：official-account 59
2.6 小结和练习 60
2.6.1 小结 60
2.6.2 练习 60

第 3 章 微信小程序 API 61
3.1 小程序基础——网络请求 API 62
3.1.1 发起请求 62
3.1.2 上传和下载 64
3.1.3 WebSocket 65
3.2 实战：简单的 socket 聊天小程序 68
3.2.1 服务器端开发 68
3.2.2 客户端开发 70
3.3 小程序的基础 API——更新和设备信息 77
3.3.1 小程序的自动更新 77
3.3.2 获取用户终端信息 79
3.3.3 获取小程序相关信息 81
3.3.4 获取设备 Wi-Fi 状态 81
3.3.5 获取设备加速计、陀螺仪和方向 83
3.3.6 获取设备蓝牙和 NFC 84
3.3.7 设备屏幕 API 86
3.3.8 设备的扫码和振动 87
3.3.9 获取设备的剪贴板 88
3.3.10 获取设备位置的 API 88

3.4 路由页面跳转和数据缓存 API ... 90
3.4.1 页面之间的跳转 ... 90
3.4.2 数据缓存添加和获取 API ... 92
3.4.3 数据缓存删除 API ... 94
3.5 小程序界面交互 API ... 95
3.5.1 提示框和模态框 ... 95
3.5.2 导航栏的单独设置 ... 97
3.5.3 Tab Bar 的设置 ... 98
3.5.4 字体和滚动 ... 101
3.5.5 其他显示 API ... 102
3.6 媒体和文件 ... 102
3.6.1 图片相关 API ... 102
3.6.2 视频相关 API ... 104
3.6.3 录音相关 API ... 105
3.6.4 文件相关 API ... 106
3.7 其他开放接口 ... 108
3.7.1 客服 API ... 108
3.7.2 转发 API ... 110
3.7.3 收货地址 ... 111
3.8 小结和练习 ... 112
3.8.1 小结 ... 112
3.8.2 练习 ... 112

第 4 章 微信小程序的服务器端 ... 113
4.1 后台 API 编写入门 ... 113
4.1.1 后台技术的选择 ... 114
4.1.2 后台技术环境搭建 ... 114
4.1.3 直接上手的框架 ... 117

		4.1.4	搭建一个简单的框架服务器	117
		4.1.5	MySQL 的使用	120
		4.1.6	对于后端技术的说明	121
		4.1.7	路由创建	121
	4.2	用户系统的搭建		122
		4.2.1	用户系统的逻辑	122
		4.2.2	用户系统的实现编码	124
		4.2.3	用户系统的测试	132
	4.3	其他常用服务器 API		135
		4.3.1	二维码 API	135
		4.3.2	运动数据 API	140
		4.3.3	获取用户手机号	148
	4.4	小结与练习		151
		4.4.1	小结	151
		4.4.2	练习	151

第 5 章　实战：问卷小程序 ... 152

	5.1	问卷小程序简介		152
		5.1.1	为什么需要问卷调查	153
		5.1.2	需求分析	153
	5.2	问卷小程序具体编码		154
		5.2.1	后端编写	154
		5.2.2	小程序编写	162
	5.3	小结和练习		168
		5.3.1	小结	168
		5.3.2	练习	168

第 6 章　实战：摇一摇游戏 169

6.1　项目分析 169
6.1.1　摇一摇功能分析 170
6.1.2　摇一摇项目规划 171
6.1.3　摇一摇接口定义 172
6.2　项目编码 173
6.2.1　摇一摇小程序的后台 173
6.2.2　摇一摇小程序的首页 185
6.2.3　摇一摇小程序的填写页面 188
6.2.4　摇一摇小程序的摇动页面 194
6.2.5　摇一摇小程序排行榜 202
6.3　小结和练习 204
6.3.1　小结 204
6.3.2　练习 205

第 7 章　实战：百度图片识别 API 206

7.1　项目分析 206
7.1.1　流行的识别技术 207
7.1.2　功能设计 207
7.1.3　路由设计 208
7.2　具体编码 208
7.2.1　系统后台编码 208
7.2.2　上传图片功能 215
7.2.3　小程序图片解析显示 219
7.3　小结和练习 221
7.3.1　小结 221
7.3.2　练习 221

第 8 章 实战：文字信息发布小程序 222

8.1 项目需求 222
8.1.1 功能划分 223
8.1.2 路由划分 223
8.2 具体编码 224
8.2.1 后台实现 224
8.2.2 新建小程序项目 233
8.2.3 首页实现 234
8.2.4 首页逻辑编写 237
8.2.5 首页样式编写 239
8.2.6 文章详情页实现 241
8.2.7 文章内容显示 243
8.2.8 文章评论显示 246
8.2.9 文章点赞功能 248
8.3 小结和练习 251
8.3.1 小结 251
8.3.2 练习 251

第 9 章 实战：使用 Canvas 绘制图片 252

9.1 如何使用 Canvas 绘制生成图片 252
9.1.1 为什么需要绘制生成图片 253
9.1.2 绘制生成图片的必要因素 253
9.2 实战 1：在微信小程序中绘制需要的图片 254
9.2.1 需求分析 254
9.2.2 创建小程序 255
9.2.3 创建组件 256
9.2.4 图片主页 257
9.2.5 绘制图片 261

9.3 实战2：流行的手机背景生成小程序..262
    9.3.1 系统规划设计..262
    9.3.2 后台路由设计..264
    9.3.3 系统后台编码..264
    9.3.4 小程序页面编写..266
    9.3.5 小程序逻辑编写..269
    9.3.6 小程序绘制逻辑编写..273

9.4 小结和练习..275
    9.4.1 小结..275
    9.4.2 练习..275

第10章 实战：使用mpvue实现"历史今日"小程序..................................276

10.1 支持Vue.js语法的mpvue框架..276
    10.1.1 mpvue框架基础..277
    10.1.2 mpvue框架环境搭建..277
    10.1.3 mpvue快速入门..280
    10.1.4 项目工程文件说明..281

10.2 使用mpvue创建"历史今日"小程序..285
    10.2.1 项目规划..285
    10.2.2 项目新建页面..287
    10.2.3 请求接口逻辑编写..288
    10.2.4 项目显示编写..291
    10.2.5 项目生成..295

10.3 小结和练习..296
    10.3.1 小结..296
    10.3.2 练习..297

第 11 章 实战：使用 Taro 实现星座测试小程序 ... 298

11.1 支持 React 语法的 Taro 框架 ... 299
11.1.1 什么是 Taro ... 299
11.1.2 Taro 快速入门 ... 300

11.2 使用 Taro 框架创建星座测试小程序 ... 303
11.2.1 接口说明 ... 303
11.2.2 新建 Taro 小程序 ... 304
11.2.3 星座测试小程序主页 ... 305
11.2.4 星座测试小程序主页的组件 ... 307
11.2.5 星座测试详情页 ... 310

11.3 项目编译与生成 ... 314
11.3.1 编译为微信小程序 ... 314
11.3.2 编译为百度小程序 ... 315
11.3.3 编译为支付宝小程序 ... 318
11.3.4 编译为其他小程序 ... 321

11.4 小结和练习 ... 321
11.4.1 小结 ... 321
11.4.2 练习 ... 321

第 1 章
走进微信小程序

在过去的两年中,最火爆的应用场景可能就是微信小程序了(本书简称小程序)。各大传统企业和互联网公司都在不停地制作属于自己的小程序。本书是一本零基础入门小程序的图书,首先必须对小程序本身和小程序的开发做一个简单介绍,让读者快速地进入小程序应用的制作中。

本章涉及的知识点如下:

- 小程序的定义。
- 小程序的发展。
- 如何拥有自己的一个小程序。
- 为什么选择 WePY 框架来开发小程序。

1.1 小程序的起源

微信小程序是 JavaScript 的一种最新应用场景,也是移动应用中一个比较新的应用场景。小程序基于微信,因此拥有非常大的用户基数。本节主要介绍小程序的定义和发展。

1.1.1 什么是小程序

小程序基于微信,可以在微信内便捷地获取和传播,同时具有出色的使用体验,无须用户单独安装 App。在微信的首页下拉即可出现用过的小程序和已添加的小程序,如图 1-1 所示,还可以搜索小程序。

图 1-1 打开微信小程序

2017 年 1 月 9 日,张小龙在 2017 微信公开课 Pro 上宣布小程序正式上线。经过两年多的发展,现在小程序已经正式成为一个新的、流行的应用场景,大量来自不同领域的小程序在微信中生根发芽,茁壮成长。小程序全面开放申请后,主体类型为企业、政府、媒体、其他组织或个人的开发者,均可申请注册小程序。小程序、订阅号、服务号、企业号是微信中并行的应用体系。

2017 年 12 月 28 日,微信 6.6.1 版本开放了小游戏,微信启动页面还重点推荐了小游戏"跳一跳",微信用户可以通过"小程序"找到已经玩过的小游戏。而这也给游戏行业提供了一种全新的应用场景。

2018 年 3 月,微信正式宣布小程序广告组件启动内测,内容还包括第三方可以快速创建并认证小程序、新增小程序插件管理接口和基础能力更新,开发者可以通过小程序来赚取广告收入。为了持续地推广小程序,公众号文中、朋友圈广告及公众号底部的广告位都支持小程序落地页投放广告,小程序广告位也可以直达小程序。这些措施,开启了小程序的盈利模式。

2018 年 8 月 10 日,微信宣布小程序后台数据分析及插件功能升级,开发者可查看已添加"我的小程序"的用户数。此外，2018年8月1日至12月31日期间，小程序（含小游戏）流量主的广告收入分成比例优化上调，单日广告流水在10～100万元的部分，开发者可获得的分成由原来流水的30%上调到50%，优质小程序流量主可获得更高的收益。

微信小程序的官方网站：https://mp.weixin.qq.com/cgi-bin/wx。

微信小程序的登录入口：https://mp.weixin.qq.com/。

1.1.2 小程序的发展

这两年来，小程序的开发者深有体会，从一开始难用的开发者工具，到现在可以使用npm，甚至自带云同步、版本控制的开发者工具，小程序已经逐渐完善，拥有了独立的、成熟的开发环境。

说明：npm是JavaScript世界的包管理工具，通过它可以安装、共享、分发代码，以及管理项目依赖关系（比如某页面依赖某个JavaScript文件）。

不断更新的小程序版本，也证明了小程序的蓬勃发展。虽然远远不及独立的安卓和苹果应用市场，但小程序已然成为移动端的第三大应用商店。

小程序的推广更是让原本已经没落的订阅号和服务号迎来了"第二春"，借着小程序的春风，不少独立开发者和小公司也通过小程序拿到了第一笔融资。尤其是在2018年年初，大量企业开通了小程序，而企业每举办一个活动也会开通一个小程序，这比开发一个App要走的流程少了很多，上线也方便快捷。

小程序本身也出现了众多的"爆款"，甚至微软、谷歌这样的跨国公司也开发了众多玩乐和智能小程序，如图1-2所示，谷歌的"爆款"小程序"猜画小歌"，当时刷爆了朋友圈和微信群。

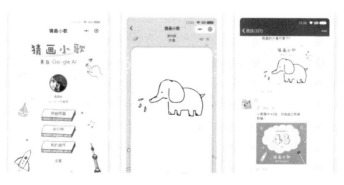

图1-2 猜画小歌

一开始,小程序让用户用完就走,为用户提供一个简单和体验良好的应用环境,实现了从公众号到小程序的过渡。随着时间的发展,小程序在很大程度上已经独立于公众号的运营,甚至已经可以整合线上资源,实现最小成本的用户挖掘。在最近更新的几个应用场景中,小程序已经可以实现和 App 及其他小程序的互通。

不仅仅是线上,微信有 10 亿流量,小程序也将成为线下商业的最大入口。小程序的引流效果甚至完全可以覆盖到线下。大量和线下应用的整合,使得小程序的市场越来越大,也终于实现了自身的闭环。

每天都有数以亿计的中国人使用微信,其用途已经超出了聊天的范围,将移动支付、代付账款、外卖送餐和一系列服务囊括在内。大量小程序在微信端的存在,无疑使得微信成为一个系统生态,而并非仅仅作为一款聊天软件。

小程序的存在使得用户可以绕开 Google Play 或苹果的 App Store,直接在微信上使用它们,而相对于限制很多的 App Store,简单且便于开发的小程序无疑显得更有价值。腾讯优质高效的审核部门也使得小程序的版本更替变得更加简单和迅速,虽然不具有热更新功能,但是一般而言,除了初次审核小程序较慢,小程序更新都会在 2 个工作日之内完成审核。

说明:Google Play、App Store 都是在线应用程序商店,两者分别对应安卓手机和苹果手机。企业将 App 提交到在线应用程序商店,用户才可以通过智能手机上安装的应用程序商店将 App 下载到本地。

腾讯在 2018 年 6 月发布的年中报告中提到,在微信上已经有多达 100 万款小程序,每月约有 5 亿微信用户至少使用过一款小程序,用户参与度非常高。

这一切都表明,未来的小程序世界无疑是更加丰富多彩的,开发者们的机会也已经到来。

1.2 开发小程序的第一步

前面多次提到小程序很便捷,那么如何真正拥有一款属于自己的小程序呢?别急,微信要求小程序必须申请注册,本节就来手把手教读者注册一个简单的小程序。

1.2.1 注册小程序

(1)进入微信公众平台官网(同时是注册公众号和服务号的地址):https://mp.weixin.qq.com/。

(2)进入页面后单击右上角的"立即注册"按钮,如图 1-3 所示。

注意：小程序账号是独立于订阅号和服务号的，如果已经使用某个邮箱注册了服务号或者订阅号，则不能再使用该邮箱注册小程序。

图 1-3　注册小程序

（3）进入下级页面，选择"小程序"选项，按要求填写相关资料，然后验证邮箱，完成后即可成功地注册一个小程序，如图 1-4 所示。

图 1-4　填写相关资料

在登记信息时，需要用户扫码。这时，开发者要选择一个已经验证过主体信息的微信账号"扫一扫"，如果验证成功才会成功注册一个新的小程序。然后就可以重新进入微信公众平台，进行登录操作。

注意：小程序的注册是有数量限制的，暂时对于个人主体每个自然人只允许注册 5 个小程序，而公司主体最多支持注册 50 个小程序。

1.2.2 设置小程序

重新返回微信公众平台主页，在登录时输入小程序的用户名和密码，单击"登录"按钮。此时必须使用刚刚注册时使用的微信号扫码才可以登录。

（1）扫码成功后，进入小程序主界面，可以在该界面上管理用户角色和小程序运维人员，这里需要单击：设置→开发设置，如图 1-5 所示。

图 1-5 管理界面

在这个管理界面中，需要牢记的是微信的 AppID 和秘钥，其中 AppID 是开发小程序必备的，也是每一个小程序专属的唯一识别 ID，而秘钥用于获得用户的一些信息和生成二维码等操作，暂时无须使用。

（2）在管理界面下方，需要配置服务器域名。经过扫码确认权限后，其配置如图 1-6 所示，一共支持配置 4 类域名，分别是：

- request 合法域名，该域名用于小程序发起的 request 请求，即提供 API 接口的域名必须在此列表中。
- socket 合法域名，该域名用于小程序的 socket 连接。
- uploadFile 合法域名，如果小程序中有需要上传的功能部分，调用 API 上传时接收该文件的域名地址必须在此列表中。
- downloadFile 合法域名，如果需要下载某些文件（例如使用 Canvas 时需要绘制图片，需要下载用户头像或者背景图片），该下载文件的地址需要在此列表中。

图 1-6　域名配置

（3）在管理页面下方还有消息推送接口，开发者如果开启消息服务或者客服消息，可以通过该消息接口进行转发操作，可以在后台控制配置的地址中获得用户通过一些接口（客服消息等）发送的内容和数据，可以在后台接入公司现有的 IM 系统或者数据报表。

（4）如果是使用企业资质注册的小程序，则会在开发设置中增加一个业务域名的设置模块。如图 1-7 所示，在此处配置的域名是可以使用 webview 控件访问的网站域名，必须是 HTTPS 类型的，且需要验证该域名的所有者。

注意：该域名的配置仅仅支持企业资质的开发者，如果用户是个人资质的开发者，则无法使用 webview 组件，也不能在小程序中打开任何网页。

（5）如果不是管理员作为开发者的情况，或者需要使用其他的微信账号进行开发和测试的情况，需要在管理界面单击"用户身份"并进行设置，如图 1-8 所示。

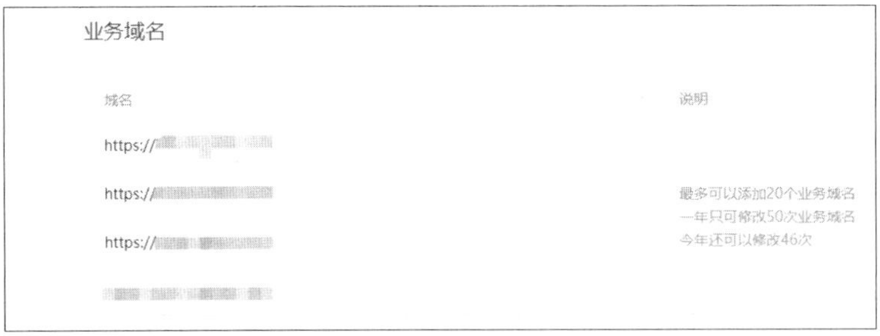

图 1-7 业务域名

图 1-8 用户管理

此处只有一个管理员用户，如果需要添加新的开发者、体验者或者微信开发者后台的管理人员，需要在这里添加其个人微信号。

当然，除了管理员，其他的所有权限都是独立的。如果仅仅拥有开发者权限，是不能对体验版进行体验的，同样无权登录该管理后台进行任何操作，其余权限依此类推。

1.3 小程序开发工具

相对于其他烦琐的开发者环境搭建，小程序的开发者工具可谓非常人性化，基本上仅仅需要一个简单的安装文件，在短暂的安装后，就可以使用全部的开发者功能进行小程序的开发和测试了。

1.3.1 下载和安装

1. 下载

腾讯公众平台提供了各个版本的小程序开发工具下载和 API 更新的说明，开发者可以直接通过以网址下载：https://developers.weixin.qq.com/miniprogram/dev/devtools/download.html。

打开该网址之后，可以看到最新版本的下载地址。在小程序的开发上，腾讯为开发者提供了两个系统的支持：Windows 和 Mac OS。其中，Windows 平台分为 64 位和 32 位版本，如图 1-9 所示。请读者根据自身的系统版本进行下载。

图 1-9　下载版本

2. 安装

（1）这里以 Windows 64 位版本为例，下载完成后双击下载的文件，打开后如图 1-10 所示。

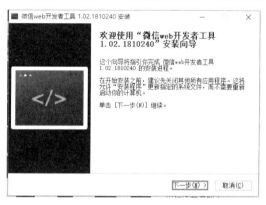

图 1-10　安装图示

（2）单击"下一步"按钮，选择要安装的地方，再次单击"下一步"按钮，开始安装软件。安装完成后，会自动打开该软件，如图 1-11 所示。

（3）此时需要手机登录微信并扫码才能进行操作，这样做的理由有两个：其一，为了保证开发的安全，没有权限的开发者是不能对小程序进行任何操作的；其二，此时扫码登录的用户，是作为开发时该微信小程序的唯一用户存在的。

（4）成功扫码后的界面如图 1-12 所示。本书的内容是小程序的开发，所以选择小程序项目，界面的左边会显示之前的开发项目，单击该页面下方的"+"号按钮，即可创建一个小程序工程。

图 1-11 打开软件

图 1-12 小程序开发者工具

在这里创建项目需要用到在 1.2.2 节中设置的 AppID（或者单击体验小程序的选项，会自动分配一个测试的 AppID）。成功创建一个测试小程序的界面如图 1-13 所示。

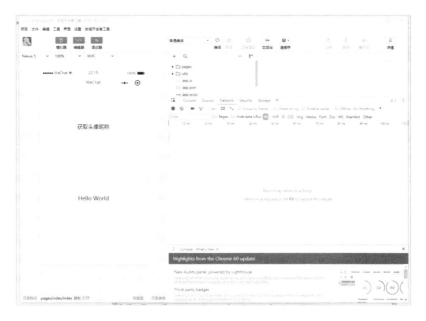

图 1-13　成功创建一个测试小程序的界面

1.3.2　图解常用功能

小程序开发者工具从面世到现在，已经进行了多次的改版和升级，也增加了大量新的内容。本节将主要针对一些常用的功能进行讲解。

从图 1-13 可以看出，开发者工具主要分为 3 个部分：模拟器、编辑器、调试器。对于原生的小程序开发，这 3 部分都是必要的。但笔者推荐的 WePY 的开发方式，一般不会在编辑器中编辑代码，所以这里主要介绍模拟器和调试器两个部分。

1. 模拟器

模拟器首页如图 1-14 所示。如何让小程序在所有型号的手机中拥有相同的体验，是模拟器的功能所在。微信小程序中的模拟器，可以支持不同手机型号和分辨率的模拟，并且内置了常用的手机型号和相应的分辨率。不仅如此，小程序的模拟器还内置了对于不同网络环境的模拟。根据

图 1-14　模拟器首页

不同的网络环境实现更好的用户体验,也是每一个开发者应当考量的事情。

除了简单的模拟器功能,在开发者工具的上方,还有一些常用的调试编译工具,如图 1-15 和图 1-16 所示。

图 1-15　模拟器调试

图 1-16　编译选项

通过这些工具可以调试不同的情景下应用的模式和显示效果,并且对于开发时每一次不同的编译模式,可以极大地降低调试和开发的难度和复杂程度,加速开发和测试的过程。在编译模式中,最新的开发者工具提供了二维码编译的功能和远程调试的功能,在后面讲开发的过程中会一一说明其功能和用法。

注意: 对于测试 AppID 的小程序而言,是不能使用远程调试功能的,而且,对于模拟器中的不少 API 功能,都是无法实现的,需要使用真机进行调试。

2. 调试器

调试器界面如图 1-17 所示,如果读者是一位前端开发者或者接触过 Web 开发,对于这个调试器肯定非常熟悉。这个调试器是 Chrome(Chromium)的调试部分,而小程序的调试器是对 DevTools 的封装。

说明: Chrome DevTools 是谷歌浏览器自带的一个开发者调试工具。

图 1-17　调试器界面

在开发过程中,所有的输出信息、网络信息、报错信息、存储信息都会出现在这个调试器中,具体的使用在后面的章节中都会一一介绍。

1.4　实战 1：Hello World

本节通过一个简单的测试小程序,实现一个输出 Hello World 消息的页面。

1.4.1　编写页面链接

打开前面创建的测试项目,在此项目的基础上,我们准备创建一个 helloWorld 页面。

在模拟器的下方,可以看到当前的页面地址和页面所携带的参数。该页面的路径为 pages/index/index,那么文件就应当是 pages→index 中的 index 文件。在代码的编辑器中可以看出,似乎在这个名称为 index 的文件夹中包含了 3 个命名为 index 但后缀不同的文件,如图 1-18 所示。其中：

- 后缀为.wxml 的文件是该页面的页面文件。

- 后缀为.wxss 的文件是该页面的样式文件。
- 后缀为.js 的文件是该页面的逻辑文件，也就是编写 JavaScript 代码的文件。

图 1-18　开发小程序的文件结构

打开 index.wxml，查看默认代码，如下所示。

```
<!--index.wxml-->
<view class="container">
  <view class="userinfo">
    <button wx:if="{{!hasUserInfo && canIUse}}" open-type="getUserInfo" bindgetuserinfo= "getUserInfo"> 获取头像昵称 </button>
    <block wx:else>
      <image bindtap="bindViewTap" class="userinfo-avatar" src="{{userInfo.avatarUrl}}" background-size="cover"></image>
      <text class="userinfo-nickname">{{userInfo.nickName}}</text>
    </block>
  </view>
  <view class="usermotto">
    <text class="user-motto">{{motto}}</text>
  </view>
</view>
```

本文件的第 1 行，即在编辑器中显示为绿色的部分，是注释。也就是说，这类代码在程序中只是为了增加程序的可读性，并不会在程序中有任何作用。

第 2 行是小程序中最基本的一个元素：<view></view>。这个元素相当于 HTML 中的<div></div>元素，其指定的 class 属性的值 container，是在 index.wxss 中命名的样式效果，可以打开 index.wxss 查看。

在这里，我们需要编写一个跳转的链接，跳转到之后要编写的 helloWorld 页面中。新增一个<view></view>元素，代码如下：

```
<view bindtap='bindMyViewTap'>点我跳转</view>
```

将上述代码加到任何地方都是可以的,只不过会出现在页面的不同区域,但不会影响效果。在上述代码中,<view></view>绑定了一个单击事件,而这个事件需要手动添加到index.js文件中。

注意:使用Ctrl+S键进行保存或手动单击编译按钮时都会引发保存和重新编译事件,即在左边的模拟器中可以看到小程序的最新效果。

接下来需要编写 index.js 文件。在 bindViewTap 方法的下面、onLoad 方法的上面,增加如下代码。

```
……
  // 事件处理函数
  bindViewTap: function() {
    wx.navigateTo({
      url: '../logs/logs'
    })
  },
  // 用户单击"点我跳转" view
  bindMyViewTap:function(){
    wx.navigateTo({
      url: '/pages/index/helloWorld'
    })
  },
  onLoad: function () {
……
```

这里使用了 wx.navigateTo 这个 API 进行页面跳转。使用 Ctrl+S 键保存,尝试单击,查看效果。此时在调试器中会报错,表示 helloWorld 页面不存在,如图1-19所示。那是因为这个页面还没有创建,下一节就介绍如何创建。

图1-19 调试器的报错

1.4.2 编写新页面内容

首先创建新页面。开发者工具提供了非常简单的方式,只需要在 app.json 中声明该页面,保存后就会自动为开发者生成这个页面的 3 个文件，只需要在 app.js 中修改 pages 数组的内容，如下所示。

```
{
  "pages":[
    "pages/index/index",
    "pages/logs/logs",
    "pages/index/helloWorld"
  ],
  "window":{
    "backgroundTextStyle":"light",
    "navigationBarBackgroundColor": "#fff",
    "navigationBarTitleText": "WeChat",
    "navigationBarTextStyle":"black"
  }
}
```

保存后开发者工具自动生成 helloWorld 页面。现在尝试在 index 页面单击链接，就会跳转至该页面，如图 1-20 所示。

图 1-20　helloWorld 页面

接下来，需要编写该页面的代码。打开 helloWorld.wxml，编写一个简单的< text ></ text >元素，如下所示。

```
<!--pages/index/helloWorld.wxml-->
<text>{{data}}</text>
```

上述代码指明了在文字元素中显示一个名为 data 的变量，而这个变量需要在 helloWorld.js 中声明，代码如下所示。

```
/**
 * 页面的初始数据
 */
data: {
```

```
  data: 'Hello World'
},
```

这样，一个完整的显示 Hello World 的页面就完成了，效果如图 1-21 所示。

图 1-21　页面显示效果

1.5　什么是 WePY

本书的理念是快速开发，所以会使用一些框架。笔者推荐的框架正是 WePY，它拥有众多的开发特性和优化方案，本节就带读者认识它。

1.5.1　为什么选择 WePY

WePY 严格来说其实是对于原生小程序的一种优化性的开发框架，WePY 框架并不是开发必需的，但使用 WePY 框架可以极大提高开发的效率和组件化的应用。WePY 拥有以下特点。

- 开发风格：接近 Vue.js，支持组件 Props 传值、自定义事件、组件分布式复用 Mixin、计算属性函数 computed、模板内容分发 slot 等。
- 组件化：组件化开发，完美解决组件隔离、组件嵌套、组件通信等问题。
- npm：支持使用第三方 npm 资源，自动处理 npm 资源之间的依赖关系，完美兼容所有无平台依赖的 npm 资源包。
- Promise：通过 polyfill 让小程序完美支持 Promise，解决回调烦恼。
- ES2015：可使用 Generator Fu-nction、Class、Async Function 等特性，大大提升开发效率。
- 对小程序进行优化：对小程序本身进行优化，如请求列对处理、优雅的事件处理、生命周期的补充、性能的优化等。
- 编译器：支持样式编译器 Less、Sass、Styus，模板编译器 wx-ml、Pug，代码编译器 Babel、Typescript。
- 插件：支持多种插件处理，如文件压缩、图片压缩、内容替换等，扩展简单，使用方便。

- 框架大小：压缩后有 24.3KB 空间即可拥有所有框架功能，额外增加 8.9 KB 空间后即可使用 Promise 和 Async Function。

对于习惯传统的 Web 开发和使用 Vue.js 开发的开发者而言，WePY 提供了只需要简单了解微信小程序的开发即可完成一个小程序的快速体验。

1.5.2　WePY 开发环境的安装

相对简单的微信开发者工具而言，WePY 的安装稍显复杂。首先需要使用 npm 安装，这也意味着需要安装 Node.js。

1. 安装 Node.js

在 Node 官网下载 Node.js 的安装包。如果遇到官网无法进入或者下载较慢的情况，可以在国内提供的镜像中下载最新版本的 Node.js。

Node.js 官网为 https://nodejs.org/，打开后如图 1-22 所示。

图 1-22　Node.js 官网

Node.js 提供了两个版本，LTS 版本是稳定的长期支持版本，Current 版本则是最新的 Node.js 版本。对于 WePY 而言，两者之间并没有特别大的区别。下载安装包后，需要根据系统的不同进行安装。双击打开后稍作等待，进入 Node.js 的安装过程，如图 1-23 所示。

在同意协议之后单击 Next 按钮，直到安装成功，单击 Finish 按钮。如何验证安装是否成功呢？在 Windows 系统中打开 CMD（按 Win+R 快捷键，输入"cmd"），在 Mac 中使用终端

图 1-23　安装 Node.js

注意：如果使用 CMD 输入 "node" 后显示 "不是内部或外部命令，也不是可运行的程序或批处理文件"信息，则需要手动添加 Node.js 的安装地址到全局变量中。读者可以查阅相关的资料进行配置。

输入命令 "node -v"，其效果如图 1-24 所示，会打印当前的 Node 版本。

WePY 安装需要用到 npm，它在安装 Node.js 后已经自动安装。在终端中使用 "NPM -v" 命令，查看是否成功安装了 npm，如图 1-25 所示。

图 1-24　Node 版本

图 1-25　npm 版本

2. 安装 WePY

WePY 的安装或更新都通过 npm 进行。全局安装或更新 WePY 命令行工具，使用以下命令：

```
npm install wepy-cli -g
```

稍等片刻，成功安装后即可创建 WePY 项目。

注意：如果 npm 安装时间过长或者连接超时而导致失败，则可以使用国内的镜像源。这里推荐一个稳定的源，来自淘宝，网站地址为 http://npm.taobao.org/，可以使用淘宝定制的 cnpm（gzip 压缩支持）命令行工具代替默认的 npm：

```
$ npm install -g cnpm --registry=https://registry.npm.taobao.org
```

安装好环境后，再找一个良好的编写代码的 IDE 环境。这里强烈推荐 JetBrains 系列的 WebStorm 的最新版本，它完美支持了 Vue.js 的开发及 ESLint 的语法形式，所以编写代码非常顺畅和方便，其编辑器界面如图 1-26 所示。

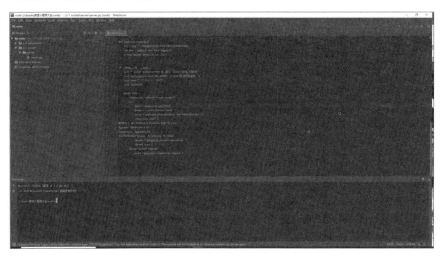

图 1-26　编辑器界面

同样，在 WebStorm 中使用 Alt+F12 键可以唤起内置的命令行。对于需要编译的 WePY 而言，无须每次使用 cd 命令进入项目文件，方便了很多。

1.6　实战 2：WePY 版 Hello World

本节将介绍如何使用 WePY 创建一个最简单的项目（也就是之前已经创建过的 Hello World）。

1.6.1　创建 HelloWorld 项目

首先需要在使用的代码编辑器中新建一个项目，之后使用 CMD 命令行工具或者终端 shell 等通过 "cd 文件目录" 命令进入该项目目录下。

执行 wepy init standard HelloWorld 命令，成功后会对该项目进行一些初始化配置，这里选择的配置如图 1-27 所示。

```
? Project name hello
? AppId touristappid
? Project description A WePY project
? Author st
? Use ESLint to lint your code? Yes
? Use Redux in your project? No
? Use web transform feature in your project? Yes
```

图 1-27　创建 WePY 项目

这里配置的 AppID 和其他的内容并不能直接作用于微信小程序本身，而会记录在 WePY 项目的 project.config.json 文件中。该工程项目配置的 project.config.json 内容如下所示。

```
{
  "description": "A WePY project",
  "setting": {
    "urlCheck": true,
    "es6": false,
    "postcss": false,
    "minified": false
  },
  "compileType": "miniprogram",
  "appid": "touristappid",
  "projectname": "hello",
  "miniprogramRoot": "./dist"
}
```

待创建项目成功，可以在该文件夹下看到该项目工程的所有文件。但这时的项目只拥有一个框架，依旧是无法编译的，需要使用 npm install 命令安装项目依赖。

安装完成后，效果如图 1-28 所示。

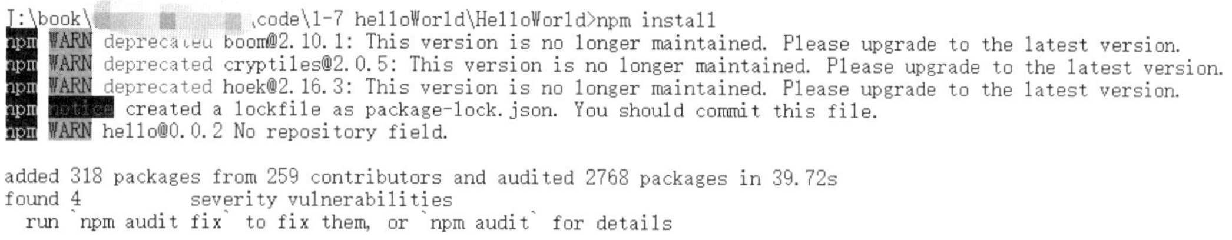

图 1-28 npm 安装完成后的效果

注意：安装时如果没有报错，仅仅警告是非最新的版本，并不会影响代码的运行。但是，为了保证安全性，还是推荐及时升级到最新的版本。

接下来，可以使用以下命令来启动开发时监控代码改动自动构建功能，其编译效果如图 1-29 所示。使用—watch 参数启动，会自动监控代码的改动，一旦代码有改动，项目会重新构建。

```
wepy build -watch
```

自动编译后，会在项目文件夹中生成一个 dist 文件夹，用于存放编译后的项目文件（这个文件夹中存放的是小程序代码）。

再次打开小程序开发者工具，新建一个测试项目，项目的地址则选择由 WePY 生成的 dist 文件夹，配置如图1-30所示。

图1-29　启动编译　　　　　　　　　　　　　图1-30　创建新的小程序

这样就创建了一个WePY项目。项目启动后，可以看到开发者工具中显示出当前的小程序模板，但是在调试器中却出现报错信息，并且功能无法使用，其调试器显示效果如图1-31所示。

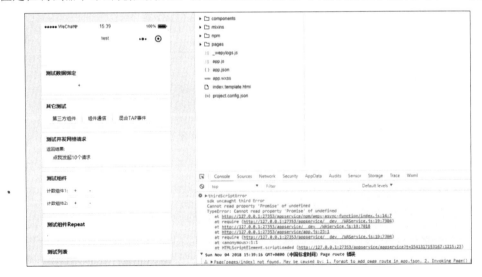

图1-31　调试器显示效果

这主要是WePY项目和原生小程序对于代码的不同处理方式造成的，只需要取消ES6转ES5、上传代码时样式自动补全、上传代码自动压缩混淆这3个复选项，具体的配置信息如图1-32所示。

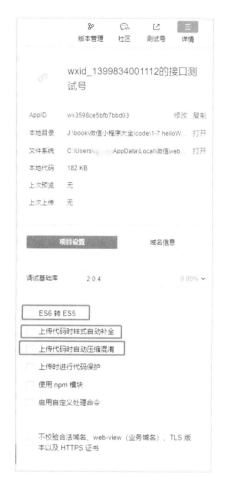

图 1-32　调整配置

这样该项目就可以成功运行了。

1.6.2　编写页面代码

在 WePY 项目基本的文件系统中，文件夹 src 中存放着所有的代码文件。一般而言，在 src/pages 文件夹中存放的内容是项目的页面文件，在 src/components 文件夹中存放的是页面所使用的组件文件，在 src/mixins 文件夹中存放的是项目所使用的一些公用方法文件。

首先，需要创建一个页面路径。

和之前创建一个小程序的方法一致，要想在 WePY 中创建一个页面路径，需要在 app.wpy 中声明，在 config 中增加一个新页面。修改后的代码如下，其实在编译后以下代码会生成为 app.json 文件。

```
config = {
  pages: [
    'pages/index',
    'pages/helloWorld'
  ],
  window: {
    backgroundTextStyle: 'light',
    navigationBarBackgroundColor: '#fff',
    navigationBarTitleText: 'WeChat',
    navigationBarTextStyle: 'black'
  }
}
```

更新页面路径之后，应该在 pages 文件夹下创建一个页面文件 helloWorld.wpy。

所有的页面文件在创建时都可以使用以下模板文件。

```
<style lang="less">
// 页面所使用的样式，以及引入的样式文件
</style>
<template>
    <view>
// 页面的结构、节点元素
    </view>
</template>

<script>
// 页面的逻辑代码部分
    import wepy from 'wepy'

    export default class HelloWorld extends wepy.page {

        components = {}

        mixins = []

        data = {}

        methods = {}

        events = {}
```

```
    onLoad() {
    }
  }
</script>
```

从上述模板可知，WePY 项目最后构建时，会将一个页面文件拆分成 3 个文件：样式部分会生成后缀为.wxss 的样式文件；页面部分会生成后缀为.wxml 的文件；逻辑部分会生成后缀为.js 的 JavaScript 文件。

该项目的页面依旧显示简单的 "Hello World" 字样，让其包裹在<text></text>元素中，其完整的页面代码如下所示。

```
<style lang="less">
</style>
<template>
  <view style="text-align: center">
    <text>{{wordData}}</text>
  </view>
</template>
<script>
  import wepy from 'wepy'
  export default class HelloWorld extends wepy.page {

    data = {
      wordData: "Hello World!"
    }
  }
</script>
```

这样，使用 Ctrl+S 键保存后，会自动重新生成展示的小程序。可以在微信开发者工具中看到其自动重启编译的信息。

接下来，使用小程序开发者工具中的编译功能查看该页面，单击"普通编译"菜单项，在下拉菜单中选择"添加编译模式"，如图 1-33 所示。

图 1-33　添加新的编译模式

添加 pages/helloWorld 页面为编译的路径，如图 1-34 所示，单击"确定"按钮，小程序会自动重启编译。

图 1-34　新编译模式

此时页面效果如图 1-35 所示。这样，我们就通过两种方式完成了小程序的开发：官方工具开发和 WePY 框架开发。

图 1-35　页面效果

1.7　小结和练习

1.7.1　小结

本章通过两个 Hello World 实例，展示出开发小程序的两种方法。开发一个小程序需要有完善的开发工具，本章作为所有开发内容的基础章节，介绍了环境的搭建和各种工具的安装。

1.7.2　练习

相信读者已掌握了小程序的基础概念，并搭建好了正常可用的开发环境。读者可以自行练习以下内容：

- 成功搭建两种不同的开发环境。
- 开发两种 Hello World 程序。
- 了解市面上流行的小程序及其主要功能。

第 2 章
微信小程序组件

在微信小程序的开发中，所有的界面编写都必须使用相关的组件。和 HTML 标签一样，微信小程序也包含了自身需要的组件，虽然名称、属性和 Web 开发中的 HTML 标签并不完全相同，但是整体的实现效果和写法如出一辙。所以，如果读者精通 Web 前端开发，可以越过本章，直接阅读后续章节。

本章涉及的知识点如下：

- 小程序的基础组件。
- 小程序的常用组件。
- 小程序 Canvas 画布组件及 API。

2.1 小程序的视图容器

视图容器作为小程序最常见的组件之一，如 Web 开发中的<div></div>一样常用，或者说，

<view></view>就和基础的<div></div>效果一样。而使用不同视图容器，可以让开发者迅速开发出不同的视图效果。

因篇幅有限，本书并没有罗列出所有组件的每一种属性。本书的目的是告诉读者组件的基本用法和常见应用场景并给出实例，未对所有组件的每个属性进行详细解析。微信官方的文档提供了非常好的教学内容、相关实例和更好的查阅方式。当读者需要实现某种功能并且确定使用的组件时，可以在微信公众平台的小程序文档中非常快地查阅和学习。

2.1.1　最基础的组件：view

view 是最基础的视图组件，相当于 HTML 中的<div></div>组件，但和网页开发不同的是，小程序的开发并不推荐大量使用该标签。作为一个崇尚性能和精简的轻量程序，大量嵌套使用 view 标签，可能导致小程序性能降低。

view 组件最常见的用法如下所示。

```
<view style="font-size:20rpx;color:#ababab">
这是 view 组件
</view>
```

上述代码实现了一个最简单的<view></view>标签，并且在该标签中显示了一些文字。在该标签上进行了简单的文字样式设定，包括设定字体大小和字体颜色。小程序的所有标签还支持定义 class 的样式。

注意：这里的 rpx 是小程序中特有的单位，该单位会随着客户端手机分辨率的不同而进行自主的调节，推荐所有的字体单位都使用 rpx。

2.1.2　可滚动视图区域：scroll-view

可滚动视图区域并不常见，最大的一个应用应该是实现整页的滚动视图。通过 scroll-view 组件，可以实现一个单页面的切换，以实现 view 组件不容易实现的页面轮播或其他应用。

2.1.3　轮播图片：swiper

swiper 是用于实现轮播图片的一个自带组件，只需要简单地进行图片的配置，以及切换动画、时间、位置等的配置。

swiper 的结构如下所示。

```
<swiper indicator-dots="{{indicatorDots}}"
  autoplay="{{autoplay}}" interval="{{interval}}" duration="{{duration}}">
  <block wx:for="{{imgUrls}}">
    <swiper-item>
      <image src="{{item}}" class="slide-image" width="355" height="150"/>
    </swiper-item>
  </block>
</swiper>
Page({
  data: {
    imgUrls: [
      'http://img02.tooopen.com/images/20150928/tooopen_sy_143912755726.jpg',
      'http://img06.tooopen.com/images/20160818/tooopen_sy_175866434296.jpg',
      'http://img06.tooopen.com/images/20160818/tooopen_sy_175833047715.jpg'
    ],
    indicatorDots: false,
    autoplay: false,
    interval: 5000,
    duration: 1000
  },
}]
```

在<swiper>标签中,每一张图片和内容需要使用一个<swiper-item>进行包裹,当有多个节点时,可以使用 wx:for 或者 WePY 中的<repeat>标签进行循环显示。

2.1.4 可移动视图容器：movable-view

movable-view 组件用于完成一些特殊样式的视图容器,可以在页面中实现拖曳滑动,并且可以控制滑动的方向,甚至提供滑动时的惯性、阻尼、摩擦等。

movable-view 组件提供了两个特殊事件,如表 2-1 所示。

表 2-1 movable-view组件提供了两个特殊事件

事 件 名 称	触 发 条 件	版 本 支 持
htouchmove	初次手指触摸后移动为横向的移动,如果catch此事件,则意味着touchmove事件也被catch	1.9.90
vtouchmove	初次手指触摸后移动为纵向的移动,如果catch此事件,则意味着touchmove事件也被catch	1.9.90

注意：movable-view 必须设置 width 和 height 属性，默认为 10px。movable-view 默认为绝对定位，top 和 left 属性为 0px。movable-view 必须位于<movable-area/>组件中，并且必须是直接子节点，否则不能移动。

在 movable-view 中需要移动的区域使用 movable-area 标签进行包裹。该组件可以组合放置在需要拖动的场景中，比如在某些更换头像或者生成背景的小程序中，原本使用 Canvas 才可以实现的效果。通过该组件可以减少资源的使用。

当然，这类组件也可用于实现类似于安卓中的抽屉，或左右滑动删除、切换的操作。

movable-view 基本的使用方法如下所示。

```
<view>移动视图控件</view>
<!-- 创建一个 move-area -->
<movable-area style="width:100%;height:1000rpx;background:gray;">
  <!-- 可以移动 view 黄色、宽高 100rpx-->
  <movable-view style='background:yellow;width:100rpx;height:100rpx;' direction="all">
  </movable-view>
  <!-- 可以移动 view 红色、宽高 100rpx-->
  <movable-view style='background:red;width:100rpx;height:100rpx;' direction="all" bindtap='redclcik' bindtouchmove='redmove'>
  </movable-view>
</movable-area>
redclcik:function(sender){
  wx.showModal({
    title: '单击红色',
    content: '',
  })
  console.log(sender);
},
redmove:function(sender){
   console.log(sender);
   // console.log(sender.changedTouches[0].pageX);

},
```

2.1.5 超过原生组件的层级：cover-view 和 cover-image

使用过 Canvas、map、video 等原生组件的开发者都知道，在小程序中，原生组件的层级是直接覆盖于所有的组件之上的，即不受 z-index 属性的影响。这样虽然保证了原生组件的效果，但是极大影响了一些业务的展开。为了解决这个问题，小程序为我们提供了新的组件。

cover-view 和 cover-image 是覆盖在原生组件之上的文本视图，可覆盖的原生组件包括 map、video、canvas、camera、live-player、live-pusher，只支持嵌套 cover-view、cover-image，可在 cover-view 中使用 button。

注意：从基础库 2.2.4 起支持 touch 相关事件，从基础库 2.1.0 起支持设置 scale rotate 的 css 样式，在自定义组件嵌套 cover-view 时，自定义组件的 slot 及其父节点暂不支持通过 wx:if 控制显示和隐藏，否则会导致 cover-view 不显示。

虽然并不是非常完善的功能，但是对于一些需要覆盖在原生组件上的业务场景，已经完全足够了，其使用方法如下所示。

```
.controls {
  position: relative;
  top: 50%;
  height: 50px;
  margin-top: -25px;
  display: flex;
}
.play,.pause,.time {
  flex: 1;
  height: 100%;
}
.time {
  text-align: center;
  background-color: rgba(0, 0, 0, .5);
  color: white;
  line-height: 50px;
}
.img {
  width: 40px;
  height: 40px;
  margin: 5px auto;
}
<video id="myVideo" src="http://wxsnsdy.tc.qq.com/105/20210/
snsdyvideodownload?filekey=30280201010421301f0201690402534804102ca905ce620b124
1b726bc41dcff44e00204012882540400&bizid=1023&hy=SH&fileparam=302c0201010425302
30204136ffd93020457e3c4ff02024ef202031e8d7f02030f42400204045a320a0201000400"
controls="{{false}}" event-model="bubble">
```

```
  <cover-view class="controls">
    <cover-view class="play" bindtap="play">
      <cover-image class="img" src="/path/to/icon_play" />
    </cover-view>
    <cover-view class="pause" bindtap="pause">
      <cover-image class="img" src="/path/to/icon_pause" />
    </cover-view>
    <cover-view class="time">00:00</cover-view>
  </cover-view>
</video>
Page({
  onReady() {
    this.videoCtx = wx.createVideoContext('myVideo')
  },
  play() {
    this.videoCtx.play()
  },
  pause() {
    this.videoCtx.pause()
  }
})
```

具体的实例可以参照 2.3.4 节使用的 cover-view 效果。

2.2 小程序的基础组件

本节会介绍大部分经常使用的微信小程序基础组件，但一些简单的表单元素不会详细介绍，只选择了一部分经常使用但在官方文档中较少出现的或非常零散的组件。

2.2.1 图标组件：icon

微信为了避免开发者将大量的时间花费在美术设计上，专门提供了一套图标组件。虽然提供的图标和配置都非常简单，但对于开发一个符合微信设计风格的小程序而言，这些完全够用且符合简洁的设计风格，只需要配置即可。这些图标显示的速度也远远超过使用图片自制的图标。

小程序全部的 icon 如表 2-2 所示。

表 2-2 小程序全部的icon

icon配置的type有效值	说　　　明	显 示 效 果
success	圆圈对号	
success_no_circle	对号	
info	蓝色叹号	
warn	红色警告叹号	
waiting	蓝色等待时钟	
cancel	关闭	
download	下载	
search	放大镜	
clear	灰色关闭	

当然了，所有图标的颜色和大小都是可以更改的，只需要配置其 size 和 color 属性即可。最基本的 icon 如下所示。

```
<icon type="" size="" color=""/>
```

注意：在大多数情况下，微信小程序提供的 icon 并不能满足我们的全部需求，这个时候，适当地使用图片和字符也是一种很好的选择。

2.2.2　文字组件：text

文字组件是所有组件中最重要的一个组件。其实在小程序中，在任何的标签内输入需要显示的文字，都可以实现文字的输出，为什么还需要这个组件呢？主要是因为，只有在这个组件内，微信小程序才会对一些特殊的占位符进行解析。

占位符是否被解码，显示在其 decode 属性中。不仅如此，在 text 组件中，可以在 space 属性中控制是否显示连续空格和空格的样式。

text 组件可以解析的占位符如表 2-3 所示。

表 2-3　text组件可以解析的占位符

占 位 符	说　　明
	空格
&lt;	大于>
&gt;	小于<
&amp;	&
&apos;	单引号'
	半角的空格
	全角的空格

注意：占位符的显示效果在不同系统中可能不同，并且在 text 标签中只支持 text 标签的嵌套。

2.2.3　富文本组件：rich-text

富文本组件 rich-text 是一个非常有用的组件，开始在小程序中是不存在的（当时需要通过手动循环来显示文章内容）。

富文本的显示和一般网页的显示有非常大的不同。该组件不能读取纯粹的 HTML，只支持已经格式化的 JSON 对象。

rich-text 基本的格式如下所示。

[{"name": "div","attrs": {"class": "div_class","style": "line-height: 19px; color: black;"},"children": [{"type": "text","text": "文字内容"}]}]

如果文字格式是不对的，则不会在任何的界面显示正确的内容，而是直接显示带["name"]等标签的原本内容。

注意：在 Node 中不推荐使用 String 类型，因为这会让性能下降，且在组件内会屏蔽所有节点的事件。

2.2.4　进度条组件：progress

进度条组件在用户体验中是很重要的一个组件，利用该组件可以对下载和上传操作进行良好的可视化控制。

progress 基本的使用方法如下所示，通过配置 show-info 可以决定是否显示百分比，通过配置 color、backgroundColor 和 activeColor 可以控制进度条的颜色和背景。

```
<progress percent="20" show-info />
```

2.2.5 表单组件：form

表单是一个小程序的灵魂，所有的用户输入都需要使用表单进行回传。除了一般的表单应用，在小程序中另外一个应用是获得用户的 formId。只有使用该 formId 才可以给用户推送消息，一个 id 只可以使用一次，而这个时候，收集足够的 formId 对于一个小程序是非常必要的。这也使得大量的元素都包含在一个表单中，有时甚至整个页面都在表单中。也就是说，用户单击任何一个元素，都将上传一个 formId 给后台。

<form>元素的使用如下所示，这里的表单拥有一个输入框和两个相关的按钮，并且绑定了相关事件。

```
<form bindsubmit="formSubmit" bindreset="formReset">
<input name="input" placeholder="please input here" />
<button form-type="submit">Submit</button>
<button form-type="reset">Reset</button>
</form>
```

可以在 JavaScript 代码中通过声明绑定的事件获得表单的情况和用户输入的值，其代码如下所示，而用户的值可以在 e 事件中获取。

```
formSubmit(e) {
  console.log('form 发生了 submit 事件，携带数据为：', e.detail.value)
},
formReset() {
  console.log('form 发生了 reset 事件')
}
```

同样，如果需要绑定一个获得 formId 的表单，也需要在<form></form>标签中增加绑定事件，代码如下所示。

```
<form bindsubmit="formSubmit" bindreset="formReset" report-submit>
</form>
```

当通过这样的方式提交后，将会在提交表单的事件中获取一个用户的 formId。当然，此 id 需要发送至服务器端进行保存，之后才可以通过该 id 发送模板消息给该用户（在模拟器中模拟的是无效 formId），如图 2-1 所示。

```
▼ Request Payload    view source
  ▼ {form: "the formId is a mock one"}
      form: "the formId is a mock one"
```

图 2-1 发送 formId 至服务器

具体的实例可以参考 2.3.2 节的图片组件。

2.2.6 极其重要的按钮组件：button

按钮组件是任何一个程序都不可或缺的组件，对于小程序而言尤其如此。除了处理普通的用户单击事件，大量用户权限和提示的获取都要用到按钮组件。

这当然就导致了和表单组件一样的问题：大量的图片甚至界面被制作成一个个的按钮，只是为了方便获取用户的单击事件，提示用户打开其他的小程序广告，或者获取一个有效 formId 或展示一个获取权限的提示。

按钮一般需要给 open-type 属性设置相应的值，代码如下。button 基本的开放能力是绑定一个事件用于接收单击事件后的返回信息，此绑定事件和 form 的提交事件或者用户自身设置的绑定事件不冲突。

```
<button bindtap="绑定事件" open-type="开放能力" ……>按钮 </button>
```

button 基本的开放能力如表 2-4 所示。

表 2-4 button基本的开放能力

开放能力的有效值	说　　明
contact	打开客服会话，如果用户在会话中单击消息卡片后返回小程序，可以从bindcontact回调中获得具体信息
share	触发用户转发事件
getUserInfo	获取用户信息，可以从bindgetuserinfo回调中获取用户信息
getPhoneNumber	获取用户手机号，可以从bindgetphonenumber回调中获取用户信息
launchApp	打开App，可以通过app-parameter属性设定向App传送的参数
openSetting	打开授权设置页
feedback	打开"意见反馈"页面，用户可提交反馈内容并上传日志，开发者可以在登录小程序管理后台后进入左侧菜单"客服反馈"页面获取反馈内容

注意：button-hover 默认为 {background-color: rgba(0, 0, 0, 0.1); opacity: 0.7;}，从 2.1.0 版本起，button 可作为原生组件的子节点嵌入，以便在原生组件上使用 open-type 的能力。

有关 button 组件具体的实例可参考 2.3.2 节。

2.3 媒体组件和导航组件

媒体组件和导航组件是微信组件中非常零散的一个部分。尤其是导航组件，可能是从小程序发布以来改动最多的一个组件。

2.3.1 导航组件：navigator

navigator 组件存在两种应用：一种是实现应用内的跳转；另一种是实现小程序之间的跳转。对于应用内的跳转，支持 5 种跳转方式，分别对应着 API 中的 5 种跳转方式，如表 2-5 所示。

表 2-5 应用内的跳转方式

应用内的open-type有效值	说　　明
navigate	对应于wx.navigateTo的功能
redirect	对应于wx.redirectTo的功能
switchTab	对应于wx.switchTab的功能
reLaunch	对应于wx.reLaunch的功能
navigateBack	对应于wx.navigateBack的功能

应用之间的跳转现在也必须要使用 navigator 组件实现，最新的小程序更新不再支持从任何 API 直接跳转至其他小程序。为了防止大量不合规的小程序矩阵，跳转的任何小程序都必须在 app.json 中进行全局配置，指定需要跳转的 AppID。而现在，每个小程序可跳转的目的小程序的数量限制为 10 个，超过的小程序将会无法通过上传和审核。

navigator 组件的使用方法如下所示。

```
<navigator
    url="跳转地址和参数"
    open-type="redirect"
    hover-class="other-navigator-hover"
    >单击此处跳转</navigator
>
```

应用之间的跳转方法如下所示。

```
<navigator
    target="miniProgram"
    open-type="navigate"
```

```
    app-id=""
    path=""
    extra-data=""
    version="release"
>打开绑定的小程序</navigator
>
```

2.3.2 图片组件：image

顾名思义，image 就是为了显示一张图片而存在的组件，当然该组件还支持绑定单击事件。同时，为了方便用户的使用和适应各种不同横纵比的图片，微信为开发者准备了方便的缩放和裁剪模式，通过更改 mode 的有效值就可以实现。mode 的有效值如表 2-6 所示。

表 2-6 mode 的有效值

mode有效模式	值	说明
缩放	scaleToFill	不保持纵横比缩放图片，使图片的宽和高完全拉伸至填满image元素
缩放	aspectFit	保持纵横比缩放图片，使图片的长边能完全显示出来。也就是说，可以完整地将图片显示出来
缩放	aspectFill	保持纵横比缩放图片，只保证图片的短边能完全显示出来。也就是说，图片通常只在水平或垂直方向上是完整的，在另一个方向上将会发生截取
缩放	widthFix	宽度不变，高度自动变化，保持原图的宽高比不变
裁剪	top	不缩放图片，只显示图片的顶部区域
裁剪	bottom	不缩放图片，只显示图片的底部区域
裁剪	center	不缩放图片，只显示图片的中间区域
裁剪	left	不缩放图片，只显示图片的左边区域
裁剪	right	不缩放图片，只显示图片的右边区域
裁剪	top left	不缩放图片，只显示图片的左上边区域
裁剪	top right	不缩放图片，只显示图片的右上边区域
裁剪	bottom left	不缩放图片，只显示图片的左下边区域
裁剪	bottom right	不缩放图片，只显示图片的右下边区域

应用中大量使用图片制作的 UI 组件，则需要使用 image 组件显示在一个页面中。基于屏幕显示分辨率的差异，甚至横纵比例不同，要想在不同的手机端达到类似的显示效果是一件非常困难的事情。这时有一个思路，就是使用大量重复性的背景或者图片。

如果一些单页的场景为了美观需要大量使用图片作为 UI 背景，需要采用<image mode="widthFix"></image>这样的方式调用图片。这种调用方式会自动设置图片的高度。如果以宽度为标准，则需要指定图片的宽度，这时可以使用相对的百分比或者 vw、vh 这种相对于屏幕的宽度或者高度。

如果想实现图 2-2 这样的应用效果并在每个手机中都保证其基本的显示不出现大的变化，则需要拆分页面，使用相对化布局进行微调。为了不使图片本身的比例出现问题，应尽量使用 mode="widthFix"这个模式。

图 2-2　实例小程序

这里通过一个完整的小程序来使用 image 组件，也会用到 button 组件和 form 组件。该小程序的页面部分代码如下所示。

```
<view class="christmasPage">
  <!--用户的树-->
  <view class="christmasTree">
      <!-背景-->
    <image src=" url " mode="widthFix"
        style="position: absolute;width: 100vw;bottom: 0"></image>
      <!-标题词-->
    <image src=" url " mode="widthFix"
        style="position: absolute;top:13vw;width: 80vw;left: 10vw"></image>
<!-圣诞树-->
```

```
    <image src="url" mode="widthFix"
        style="position: absolute;bottom: 2vw;width: 100vw"></image>
</view>
</view>
```

注意：在同样的在 image 组件上也可以绑定事件，即单击图片时触发单击事件。

虽然在 image 组件上也可以绑定事件，但在一般情况下，用户单击 image 组件时虽然会触发事件，但该事件并不会触发携带一个用户的 formId。这时需要将图片和按钮结合在一起使用，参考下面的 image 页面。

image 页面中的一张图的外部嵌套了一个按钮组件，但如果直接嵌套在 image 组件的外部，如以下代码所示，则整个页面布局会因为按钮组件自带的样式而发生错乱，如图 2-3 所示。

```
<button>
  <image src="../public/testImg.png" mode="widthFix"
      style="width: 80%"></image>
</button>
```

图 2-3　显示问题

如图 2-3 所示，该按钮的宽度依旧是 100%，其本身的边框依旧存在，甚至还留下了一些 padding 造成的间距。所以，应该对这类按钮组件进行样式的覆盖，并加上 button 组件外部嵌套的 form 组件，这样单击图片按钮时，就可以在执行事件时收获一个用户的 formId。

对小程序而言，微信开发时获得的几乎所有的开放能力，包括用户的数据，都必须要由用户完成一个单击事件，因此我们同时在这个按钮上加上 open-type 属性。也就是说，当用户单击一个图片时，实际上触发了按钮组件上 3 个事件，而在实例中这 3 个事件会在控制台中打印。

本实例页面和样式部分的代码如下所示，其中样式 common_img_btn 和 button[class^="common"]::after 是去除按钮本身样式的自定义样式。

```
<style lang="less">
```

```css
  .common_img_btn {
    border: none !important;
    padding: 0 !important;
    background-color: rgba(0, 0, 0, 0) !important;
  }

  button[class^="common"]::after {
    border: 0;
  }

  .pageButton {
    position: fixed;
    width: 60vw;
    top: 0;
    left: 20vw;
  }
</style>
<template>
  <form bindsubmit="formSubmit" report-submit="true">
    <!--绑定按钮上的 3 个事件-->
    <button class="common_img_btn pageButton" @tap="someFun()" formType="submit" open-type="getUserInfo"
            bindgetuserinfo="onGotUserInfo">
      <image src="../public/testImg.png" mode="widthFix"
             style="width: 100%"></image>
    </button>
  </form>
  <!--<button>-->
    <!--<image src="../public/testImg.png" mode="widthFix"-->
           <!--style="width: 80%"></image>-->
  <!--</button>-->
</template>
```

页面的监听函数写在了 methods 对象中,完整的代码如下所示,分别是在控制台中打印和按钮的原本监听方法的弹窗。

```
    methods = {
  someFun() {
    wepy.showModal({
      title: '提示',
      content: '用户单击图片事件'
    })
```

```
    },
    onGotUserInfo(e) {
      console.log(e.detail)
    },
    formSubmit(e) {
      console.log(e.detail.formId)
    }
}
```

本例最终效果如图 2-4 所示,当单击事件触发时会提示用户获取资料的权限。这个弹窗在现在的所有微信小程序中是不能避免的,而用户选择后在一段时间内都不会再次出现。

图 2-4　权限获取提示

当用户单击"允许"按钮后,可以在控制台打印出 formId 并且弹出原本绑定按钮中的弹出框,如图 2-5 所示。

图 2-5　打印用户资料和 formId

2.3.3 视频组件：video 和 API：wx.createVideoContext

视频类的应用在之前的小程序中并不多见，但这几年短视频和直播类应用普遍火热，使用小程序制作的视频类应用也越来越多了，小程序中 video 组件正好为我们提供了这个功能。

video 组件是一个原生组件，也就是说，video 组件并不能覆盖 cover-* 以外的其他组件。当然，一般使用 video 组件时也不会在其上覆盖其他组件。video 组件不仅为我们提供了视频播放的功能，还提供了包括弹幕、全屏、进度控制等功能，这些功能只需要简单配置即可。video 组件的属性如表 2-7 所示。

表 2-7 video组件的属性

属 性	类 型	说明和默认值
src	String	要播放视频的资源地址，支持云文件ID
initial-time	Number	指定视频初始播放位置
duration	Number	指定视频时长
controls	Boolean	是否显示默认播放控件（播放/暂停按钮、播放进度、时间），默认为true
danmu-list	Object Array	弹幕列表
danmu-btn	Boolean	是否显示弹幕按钮，只在初始化时有效，不能动态变更，默认为false
enable-danmu	Boolean	是否展示弹幕，只在初始化时有效，不能动态变更，默认为false
autoplay	Boolean	是否自动播放，默认为false
loop	Boolean	是否循环播放，默认为false
muted	Boolean	是否静音播放，默认为false
page-gesture	Boolean	在非全屏模式下，是否开启亮度与音量调节手势，默认为false
direction	Number	设置全屏时视频的方向，不指定则根据宽高比自动判断。有效值为0（正常竖向）、90（屏幕逆时针旋转90度）、-90（屏幕顺时针旋转90度）
show-progress	Boolean	若不设置，宽度大于240像素时才会显示，默认为true
show-fullscreen-btn	Boolean	是否显示全屏按钮，默认为true
show-play-btn	Boolean	是否显示视频底部控制栏的播放按钮，默认为true
show-center-play-btn	Boolean	是否显示视频中间的播放按钮，默认为true
enable-progress-gesture	Boolean	是否开启控制进度的手势，默认为true
objectFit	String	当视频大小与video容器大小不一致时，视频的表现形式。contain（默认）表示包含，fill表示填充，cover表示覆盖
poster	String	视频封面的图片网络资源地址或云文件ID（2.2.3版本起支持）。如果controls属性值为false，则设置poster无效

除了上述属性，video 还包括了多个绑定事件，可以说 video 组件是所有组件中属性和内容最多的一个组件。支持的绑定事件包括：

- Bindplay：当开始/继续播放时触发 play 事件。

- Bindpause：当暂停播放时触发 pause 事件。
- Bindended：当播放到末尾时触发 ended 事件。
- Bindtimeupdate：播放进度变化时触发，event.detail = {currentTime, duration}。触发频率为 250ms 一次。
- Bindfullscreenchange：视频进入和退出全屏时触发，event.detail = {fullScreen, direction}，direction 取 vertical 或 horizontal。
- Bindwaiting：视频出现缓冲时触发。
- Binderror：视频播放出错时触发。
- Bindprogress：加载进度变化时触发，只支持一段加载。event.detail = {buffered}，百分比。

video 除了视频播放功能，本身的可用性和难度并不高，只需要配置 src 就可以实现视频的播放和控制了。服务器端的 video 视频内容会导致自身服务器大量带宽被占用，出现播放卡顿等，所以推荐使用腾讯云文件方式进行播放。

注意：<video>默认宽度为 300px、高度为 225px，可通过 wxss 设置宽度和高度。

在 video 组件的使用中，不仅用户可以在界面上进行基本的操作，开发者通过 JavaScript 脚本也可以实现对视频的控制和操作，但这需要使用专门为 video 提供的一个 API——wx.createVideoContext(string id, Object this)。其中的 id 为 video 组件的 id，Object 表示如果在自定义组件中使用该元素，需要指定其实例的 this。

这个 API 会返回一个 JavaScript 对象 VideoContext，它包含了一些视频的控制方法，如表 2-8 所示。

表 2-8 VideoContext包含的视频控制方法

方 法	说 明
VideoContext.play()	播放视频
VideoContext.pause()	暂停视频
VideoContext.stop()	停止视频
VideoContext.seek(number position)	跳转到指定位置
VideoContext.sendDanmu(Object data)	发送弹幕
VideoContext.playbackRate(number rate)	设置倍速播放，倍率，支持 0.5/0.8/1.0/1.25/1.5
VideoContext.requestFullScreen(Object object)	进入全屏
VideoContext.exitFullScreen()	退出全屏
VideoContext.showStatusBar()	显示状态栏，仅在iOS全屏下有效
VideoContext.hideStatusBar()	隐藏状态栏，仅在iOS全屏下有效

2.3.4 拍照组件：camera 和 API：wx.createCameraContext

使用拍照组件会调用系统的相机操作，调用 camera 组件时会在界面上显示相机的拍照界面。

camera 组件是系统原生组件，会悬浮在一般组件的最上层。在微信客户端达到了 6.7.3 之后可以使用扫二维码的功能，但是使用该组件会默认要求用户的授权，如果用户不允许则不会出现该组件。

注意：camera 组件在隐藏时设置成 hidden 或者 display:none，或者使用 fixed 定位将整个组件移出屏幕，在部分手机或者系统中可能会出现无法隐藏的情况，而官方暂时没有给出解决方案，可以使用跳转页面的方式进行拍照。

一般而言，camera 组件用于需要拍照的业务，如果只是处理图片或从用户相册中选择照片的应用场景，并不推荐使用 camera 组件，而是直接使用 wx.chooseImage(Object object)这个 API，直接使用系统的相册和相机来选择照片或拍照。

使用 camera 组件也可以实现拍照和摄像功能，下面在 2.3.2 节的小程序中添加 camera 页面。

页面代码如下所示，这里除 camera 组件以外，还在相机上覆盖了一个基础的 cover-view 组件，用来绘制一个方形的框，这使得用户的头像可以根据我们的意愿出现在该方形区域中。当然，camera 组件并不能直接截取或仅获取该区域的图像，截取工作需要在后端或者小程序中调用 Canvas 组件截取。

```
<template>
  <view style="position: fixed;width:100vw;">
  <!--添加相机组件-->
  <camera device-position="front" flash="off" binderror="error"
         style="width: 100vw; height: 100vh;">
  <!--覆盖在相机组件上的组件-->
    <cover-view class="controls">
      <cover-view class="coverImg">
      </cover-view>
      <cover-view style="bottom: 20vh;text-align:center;position: fixed;color:
#fff;font-size: 28rpx;width: 100vw;">
         您框内的图片将会作为您的抽奖头像
      </cover-view>
<!--拍照事件的监听按钮-->
      <button @tap="takePic" class="input" style="bottom:10vh;color: #000">单击
拍照</button>
      </cover-view>
```

```
    </camera>
  </view>
</template>
```

上述代码实现了一个全屏幕的相机（配置使用了前置摄像头并且不使用闪光灯的效果），并且在相机上绘制了一个方形的框、一行提示文字，以及一个拍照的按钮，此按钮已经绑定了takePic方法用于获取照片。页面的基本样式代码如下所示。

```
<style lang="less">
  .controls {
    width: 100vw;
    height: 100vh;
  }

  .coverImg {
    position: fixed;
    left: 1vw;
    top: 25vh;
    width: 96vw;
    height: 96vw;
    border: 1vw solid #fff7cc;
  }

  .input {
    position: fixed;
    width: 60vw;
    left: 20vw;
    border-radius: 5vw;
    height: 10vw;
    text-align: center;
    color: #fff;
    font-size: unit(28, rpx);
  }
</style>
```

下面要做的就应该是对用户拍照事件的监听和使用Camera组件获取照片了。这里采用存储在缓存文件的形式，也可以仅获取临时地址，或者在拍照结束后直接将图片上传到服务器端。

这里介绍一个新的API方法wx.createCameraContext，用于获取一个相机的实例，从而实现拍照功能。该实例拥有3个方法：CameraContext.takePhoto用于拍摄照片，CameraContext.startRecord和CameraContext.stopRecord用于开始和结束录像。在CameraContext.takePhoto方法中应用success

回调可以获得拍摄照片的临时地址，而使用 CameraContext.stopRecord 可以获得拍摄视频的临时文件地址。这里简单地采用了 CameraContext.takePhoto 这个 API 方法来拍摄照片，其使用效果和方法如以下逻辑代码所示。

```
<script>
  import wepy from 'wepy'
// 页面代码
  export default class camera extends wepy.page {
    components = {}
// 页面数据内容
    data = {
      imgPath: '',
      imgWidth: 0,
      imgHeight: 0
    }

    computed = {}
// 页面监听方法
    methods = {
      takePic() {
        const that = this
        const ctx = wx.createCameraContext()
        wx.showLoading()
        // 拍照 API 的使用
        ctx.takePhoto({
            // quality: 'high',
            success: (res) => {
              that.imgPath = res.tempImagePath
              that.$apply()
              wx.getImageInfo({
                src: that.imgPath,
                success: (res) => {
                  that.imgWidth = res.width
                  that.imgHeight = res.height
                  wx.saveFile({
                    tempFilePath: that.imgPath,
                    success(res) {
                      wepy.setStorageSync('userImg', {
                        path: res.savedFilePath,
                        width: that.imgWidth,
                        height: that.imgHeight
```

```
                            })
                        setTimeout(() => {
                          wx.hideLoading()
                          wepy.reLaunch({
                            url: '跳转回的路径'
                          })
                        }, 2000)
                      }
                    })
                    // wepy.setStorageSync('userImg', {path: that.imgPath, width: that.imgWidth, height: that.imgHeight})
                  }
                })
              },
              fail(res) {
              // 失败时的打印
                console.log('takePhoto fail res')
                console.log(res)
              },
              complete(res) {
              // 最终打印结果
                console.log('takePhoto complete res')
                console.log(res)
              }
            }
          )
        }
        ,
        error(e) {
          console.log(e.detail)
        }
      }

    events = {}

    onLoad() {
    }
  }
</script>
```

wx.createCameraContext 获得一个基础的 Camera 的实例,而后调用其 takePhoto 方法获得用户拍摄的照片。这里选择将文件保存后,获取其路径和使用 wx.getImageInfo 这个 API 方法获得该照片的高度和宽度信息并且保存。

页面的调试不一定非要在首页或者底部增加一个跳转至该页面的链接,只需要新建一个编译模式即可,如图 2-6 所示。

编译模式需要选择启动页面的地址、携带的参数、如何进入场景(用于确定模拟触发当前的页面状态是重新加载,还是从隐藏到显示)。通过该编译模式即可调试任何页面及页面携带的参数,也可以测试二维码和小程序码,显示效果如图 2-7 所示。

图 2-6 新增编译模式

图 2-7 camera 页面显示效果

注意:由于模拟器的限制,在没有选择专门的设备时都会显示如图 2-7 所示的效果。在这里可以选真机测试,在手机上运行,如果用户阻止了该组件,则会出现空白页面。

2.4 地图组件和画布组件

地图组件和画布组件是非常重要的两个组件，尤其是画布组件，市场中的大量小程序应用都是基于画布组件制作的。画布组件虽然在小程序刚推出的时候非常难用，甚至出现了大量的 bug，但是对图片处理和动画绘制而言，Canvas 组件是必须要使用的，也是唯一能使用的。

2.4.1 地图组件：map

和 Camera 组件、Canvas 组件一样，map 组件同样属于原生组件，默认会出现在所有的普通组件上方。当然，由于苹果方面对地理位置等信息的使用要求，现在要获得用户的位置信息需要用户同意。

相对于原生地图组件而言，腾讯提供的地图元素并不是很多，只是地图信息的显示和一个到多个标记点的标记功能。更加个性化的元素不能自主添加在地图上，需要使用个性化地图才可以使用个性化的地图服务（该原生个性化地图服务不能在开发者工具上调试）。

原生地图组件（map 组件）支持的属性很多，如表 2-9 所示。

表 2-9 map组件属性

属性名	类型	说明
longitude	Number	中心经度
latitude	Number	中心纬度
scale	Number	缩放级别，取值范围为5～18
markers	Array	标记点
polyline	Array	路线
polygons	Array	多边形
circles	Array	圆
include-points	Array	缩放视野以包含所有给定的坐标点
show-location	Array	显示带有方向的当前定位点
subkey	String	腾讯地址服务提供的个性化地图使用的key，仅初始化地图时有效
enable-3D	Boolean	默认为false，展示3D楼块（工具暂不支持）
show-compass	Boolean	默认为false，显示指南针
enable-overlooking	Boolean	默认为false，开启俯视
enable-zoom	Boolean	默认为true，是否支持缩放
enable-scroll	Boolean	默认为true，是否支持拖动
enable-rotate	Boolean	默认为false，是否支持旋转

注意：个性化地图能力可在小程序后台"设置→开发者工具→腾讯位置服务"中申请开通。这些新功能都是基于腾讯位置服务的，需要使用相关的授权和进行手机号绑定等操作，而后直接使用小程序的 subkey 配置即可。详细的申请和文档可以查看如下网址：https://lbs.qq.com/product/miniapp/guide/。

2.4.2 画布组件：Canvas 和 API：wx.createCanvasContext

画布组件是一个非常有用的组件，也可能是所有的原生组件中使用最多的组件之一。和 HTML 中的 Canvas 相比，虽然两者的共同点很多，但是大部分 API 方法依旧不通用，这意味着，大量 HTML 中提供的 Canvas 库并不能在小程序中使用，而小程序中的 Canvas 提供的 API 相对原始，且在使用中可能会出现少量 bug——请注意。

注意：Canvas 同样属于原生组件，使用时会覆盖在其他组件上，而且在测试时，cover 组件可能在 Canvas 从隐藏到显示时出现无法覆盖 Canvas 的情况。

Canvas 本身的引用非常简单，只需要使用如下代码就可以应用在整个页面中。

```
<canvas style="width: 300px; height: 200px;" canvas-id="firstCanvas"></canvas>
```

canvas-id 是必须配置的，否则在下方的 JavaScript 代码中无法获得该组件的实例。同样，canvas 可以指定其宽度和高度，并且设置其是否处于隐藏状态。

该 Canvas 的绘图上下文 CanvasContext 对象是通过 Canvas 的 API wx.createCanvasContext 获得的。获得上述代码的上下文可直接使用如下代码。

```
const canvas = wx.createCanvasContext('firstCanvas')
```

在画布中绘制图形也非常简单。在获取上下文之后调用绘图方法，然后直接调用 draw() 方法绘制，如下所示。

```
const ctx = wx.createCanvasContext('myCanvas')

ctx.setFillStyle('red')
ctx.fillRect(10, 10, 150, 100)
ctx.draw()
ctx.fillRect(50, 50, 150, 100)
ctx.draw(true)
```

这样就绘制了两个重叠的矩形，如图 2-8 所示。Canvas 支持的绘制方法如表 2-10 所示。

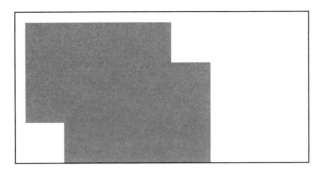

图 2-8　绘制 Canvas

表 2-10　Canvas支持的绘制方法

方　法	说　明
CanvasContext.draw(boolean reserve, function callback)	将之前在绘图上下文中的描述（路径、变形、样式）画到Canvas中
CanvasGradient CanvasContext.createLinearGradient(number x0, number y0, number x1, number y1)	创建一个线性的渐变颜色。返回的CanvasGradient对象需要使用CanvasGradient.addColorStop()来指定渐变点，至少要两个
CanvasGradient CanvasContext.createCircularGradient(number x, number y, number r)	创建一个圆形的渐变颜色。起点在圆心，终点在圆环。返回的CanvasGradient对象需要使用CanvasGradient.addColorStop() 来指定渐变点，至少要两个
CanvasContext.createPattern(string image, string repetition)	对指定的图像创建模式的方法，可在指定的方向上重复元图像
Object CanvasContext.measureText(string text)	测量文本尺寸。目前仅返回文本宽度。同步接口
CanvasContext.save()	保存绘图上下文
CanvasContext.restore()	恢复之前保存的绘图上下文
CanvasContext.beginPath()	开始创建一个路径。需要调用fill或者stroke才会使用路径填充或描边
CanvasContext.moveTo(number x, number y)	把路径移动到画布中的指定点，不创建线条。用stroke方法来画线条
CanvasContext.lineTo(number x, number y)	增加一个点，然后创建一条从上次指定点到目标点的线。用stroke方法来画线条
CanvasContext.quadraticCurveTo(number cpx, number cpy, number x, number y)	创建二次贝济埃曲线路径。曲线的起始点为路径中的前一个点
CanvasContext.bezierCurveTo()	创建三次贝济埃曲线路径。曲线的起始点为路径中前一个点
CanvasContext.arc(number x, number y, number r, number sAngle, number eAngle, number counterclockwise)	创建一条弧线。创建一个圆，可以指定起始弧度为0，终止弧度为2×Math.PI。

续表

方　　法	说　　明
CanvasContext.rect(number x, number y, number width, number height)	创建一条矩形路径。需要用fill或者stroke方法将矩形真正画到Canvas中
CanvasContext.arcTo(number x1, number y1, number x2, number y2, number radius)	根据控制点和半径绘制圆弧路径
CanvasContext.clip()	从原始画布中剪切任意形状和尺寸。一旦剪切了某个区域，则所有之后绘制的图都会被限制在被剪切的区域内（不能访问画布上的其他区域）。可以在使用clip方法前通过使用save方法对当前画布区域进行保存，并在以后的任意时间通过restore方法对其进行恢复
CanvasContext.fillRect(number x, number y, number width, number height)	填充一个矩形。用setFillStyle设置矩形的填充色，默认是黑色的
CanvasContext.strokeRect(number x, number y, number width, number height)	画一个矩形（非填充）。用setStrokeStyle设置矩形线条的颜色，默认是黑色的
CanvasContext.clearRect(number x, number y, number width, number height)	清除画布上在该矩形区域内的内容
CanvasContext.fill()	对当前路径中的内容进行填充。默认的填充色为黑色
CanvasContext.stroke()	画出当前路径的边框。默认颜色为黑色
CanvasContext.closePath()	关闭一条路径。会连接起点和终点。如果关闭路径后没有调用fill或者stroke并开启了新的路径，那之前的路径将不会被渲染
CanvasContext.scale(number scaleWidth, number scaleHeight)	在调用后创建的路径，其横纵坐标会被缩放。多次调用倍数会相乘
CanvasContext.rotate(number rotate)	以原点为中心顺时针旋转当前坐标轴。多次调用旋转的角度会叠加。原点可以用translate方法修改
CanvasContext.translate(number x, number y)	对当前坐标系的原点进行变换。默认的坐标系原点为页面左上角
CanvasContext.drawImage(string imageResource, number dx, number dy, number dWidth, number dHeight, number sx, number sy, number sWidth, number sHeight)	绘制图像到画布
CanvasContext.strokeText(string text, number x, number y, number maxWidth)	根据给定的(x, y)位置绘制文本描边的方法
CanvasContext.transform(number scaleX, number scaleY, number skewX, number skewY, number translateX, number translateY)	使用矩阵多次叠加当前变换的方法

续表

方　　法	说　　明
CanvasContext.setTransform(number scaleX, number scaleY, number skewX, number skewY, number translateX, number translateY)	使用矩阵重新设置（覆盖）当前变换的方法
CanvasContext.setFillStyle(Color color)	设置填充色
CanvasContext.setStrokeStyle(Color color)	设置描边颜色
CanvasContext.setShadow(number offsetX, number offsetY, number blur, string color)	设定阴影样式
CanvasContext.setGlobalAlpha(number alpha)	设置全局画笔透明度
CanvasContext.setLineWidth(number lineWidth)	设置线条的宽度
CanvasContext.setLineJoin(string lineJoin)	设置线条的交点样式
CanvasContext.setLineCap(string lineCap)	设置线条的端点样式
CanvasContext.setLineDash(Array.<number> pattern, number offset)	设置虚线样式
CanvasContext.setMiterLimit(number miterLimit)	设置最大斜接长度。斜接长度指的是在两条线交汇处内角和外角之间的距离。当CanvasContext.setLineJoin()为miter时才有效。超过最大倾斜长度的，连接处将以lineJoin为bevel来显示
CanvasContext.fillText(string text, number x, number y, number maxWidth)	在画布上绘制被填充的文本
CanvasContext.setFontSize(number fontSize)	设置字体的字号
CanvasContext.setTextAlign(string align)	设置文字的对齐方式
CanvasContext.setTextBaseline(string textBaseline)	设置文字的竖直对齐方式

小程序的 Canvas 为我们提供了基础的绘图方式，虽然看上去只能绘制线、面、路径等，但其实所有复杂的图像和图形都是这些基础的元素组合拼接而成的。如何合理应用这些方法，是开发者应当考量的。

注意：Canvas 的实例请参考第 8 章。

2.5　小程序提供的 HTML 支持和开放能力支持

本节会介绍一些简单的小程序组件，这类组件有一个特点，就是它们本身并没有什么使用的难点或使用的注意事项，可配置的内容也很少，却是所有小程序中非常重要的一个部分。

这部分组件都是在小程序出现后新增加的一些组件，也正是这些组件为小程序本身带来了更多的功能和更多的可能性。

2.5.1 开放数据域：open-data

open-data 组件一般用于显示用户的昵称、头像、性别、地址、语言等内容。

为什么需要这样的一个组件呢？主要是因为用户的信息需要保密，getUserInfo 这个 API 已经无法获得用户的相关信息了，大量用户又会拒绝授权的方式，那么，如何保证显示出用户的头像、昵称等信息呢？答案就是开放数据域组件。

open-data 基本的使用方法如下所示，这里实现了一个简单的用户页面，通过两个开放数据域 open-data 组件显示了用户的头像和昵称。

```
<template>
  <view class="userHeader">
    <view style="position: relative;width: 25vw;height: 25vw;border-radius: 15vw;overflow:hidden;left: 37.5vw;top: 10vw;">
      <open-data type="userAvatarUrl"></open-data>
    </view>
    <view style="position: relative;text-align: center;top:15vw;">
      <open-data style="color:#fff;font-size: 30rpx" type="userNickName"></open-data>
    </view>
  </view>
</template>
```

页面可以增加一些简单的样式，如下所示。

```
<style lang="less">
  .userHeader {
    width: 100vw;
    height: 60vw;
    background-color: #ababab;
  }
</style>
```

这样就完成了一个最简单的用户界面，效果如图 2-9 所示。

图 2-9　用户页面效果

2.5.2　HTML 等网页支持：web-view

网页组件可以说是小程序在发展中的一个妥协，小程序原本存在的意义是对微信中难用的 HTML 应用的一种优化替代，而如果可以使用网页，那么就意味着大量的小程序还是会通过原有的网页系统来实现一个"伪小程序"，这就使得原本具有体验优势的小程序成了鸡肋，所以在一开始，小程序并没有任何支持 HTML 打开网页的需求。但最终小程序还是妥协了，推出了可以在小程序中进行网页操作的 webview 组件。

但是整个 web-view 并不是一个完全开放的 webview，小程序官方依然不推荐在不必要的情况下嵌入网页，所以限制了对于页面的地址访问，我们无法访问未经验证归属权的域名地址，而且域名地址是需要 HTTPS 协议的。

这意味着，将 web-view 套一个壳就充当小程序浏览器或者将百度网页套在小程序中充当百度搜索的小程序将不会存在，这也意味着小程序的违规行为将会非常容易监管，出现违规信息的网站内容一定是归属于这个小程序本身的。

验证方法非常简单，在后台下载一个简单的文本文件，并将其放置在自己服务器的根目录中，通过路径可以访问到该文件的内容（也可以手动返回，一般为一个长度不等的字符串，一次性验证，等待验证成功后可以删除）。

web-view 组件的使用也非常简单，如下所示。

```
<web-view src="https://mp.weixin.qq.com/"></web-view>
```

如果通过验证了，可以正常访问 src 中的网页地址。当然不仅如此，为了方便与网页的交互，以及小程序之间的数据传输和跳转，小程序提供了 JSSDK 1.3.2，其中的接口可以返回小程序页面。

JS 地址为 https://res.wx.qq.com/open/js/jweixin-1.3.2.js，可以使用如下代码引入。

```
<script
  type="text/javascript"
  src="https://res.wx.qq.com/open/js/jweixin-1.3.2.js"
></script>
```

引入该 JavaScript 文件后，网页将会支持不同的 API 和小程序通信，如表 2-11 所示。

表 2-11　网页和小程序的跳转

API	说明
wx.miniProgram.navigateTo	跳转至某一页面
wx.miniProgram.navigateBack	回退几层页面

续表

API	说　　明
wx.miniProgram.switchTab	跳转至小程序的主页（下方存在菜单选择页）
wx.miniProgram.reLaunch	关闭当前页面跳转至小程序的某一个页面
wx.miniProgram.redirectTo	关闭所有的页面跳转至小程序的某一个页面
wx.miniProgram.postMessage	向小程序发送消息
wx.miniProgram.getEnv	获取当前应用环境

也就是说，可以通过引入该 JavaScript 文件来实现网页和小程序的切换。一般而言，为了适应普通的网页版本，人们需要先判断是否是小程序的环境，进而可以使用如下代码。

```
<script
  type="text/javascript"
  src="https://res.wx.qq.com/open/js/jweixin-1.3.2.js"
></script>

wx.miniProgram.getEnv(function(res) {
console.log(res.miniprogram) // true
if(res,miniprogram){
    // 执行小程序部分
    wx.miniProgram.navigateTo({url: '/path/index'})
}else{
    // 执行普通网页部分
}
}).
```

虽然引入了 JSSDK，但是微信小程序并不能像公众号一样支持 JSSDK 中所有的 API，而只是支持一部分，如表 2-12 所示。

表 2-12　小程序支持的 JSSDK 中的 API

API 名称	说　　明
checkJSApi	判断客户端是否支持 JS
chooseImage	拍照或上传
previewImage	预览图片
uploadImage	上传图片
downloadImage	下载图片
getLocalImgData	获取本地图片
startRecord	开始录音
stopRecord	停止录音

续表

API名称	说明
onVoiceRecordEnd	监听录音自动停止
playVoice	播放语音
pauseVoice	暂停播放
stopVoice	停止播放
onVoicePlayEnd	监听语音播放完毕
uploadVoice	上传接口
downloadVoice	下载接口
translateVoice	识别音频
getNetworkType	获取网络状态
getLocation	获取地理位置
startSearchBeacons	开启ibeacon
stopSearchBeacons	关闭ibeacon
onSearchBeacons	监听ibeacon
scanQRCode	调起微信扫一扫
chooseCard	拉取使用卡券列表
addCard	批量添加卡券接口
openCard	查看微信卡包的卡券
小程序圆形码	通过长按识别

注意：虽然web-view在某些时候非常好用，但是这个组件并不支持个人开发者和针对海外用户的小程序。

2.5.3　开发者的收入来源：ad

对于所有的小程序个人开发者而言，想要通过小程序盈利，有很多不同的方向，但其中有一条最方便的，就是小程序为开发者准备的广告业务。

用户在管理后台登录后，所使用小程序达到一定的条件，才可以打开流量主功能，并且申请在小程序的什么地方加入广告（这样广告的配图尺寸会存在变化）。个人需要提交个人资料，企业需要提交公户或者代理等资料，待腾讯后台审核通过后，会获得一个unit-id，如图2-10所示，就可以使用广告组件了。

在自己的小程序中使用该组件也非常简单，只需要单击"获取代码"按钮，如图2-11所示，将产生的代码段插入小程序合适的位置即可。

图 2-10　广告组件

图 2-11　插入代码

2.5.4　小程序引导关注公众号：official-account

official-account 组件是新推出的，用于推广小程序和公众号联系的一个组件。这个组件的要求非常高，只有当小程序通过扫码进入时才能显示，用户单击才能快速关注公众号，当然这个功能仍然需要在后台设置，通过"设置"→"接口设置"→"公众号关注组件"设置要展示的公众号。

official-account 的使用非常简单，没有任何属性和配置，只需要在场景中引用如下代码：

```
<official-account></official-account>
```

扫码也同样规定了相应的场景值，通过朋友圈转发小程序码的方式并不能触发这个场景值，具体支持的场景值如下。

- 当小程序从扫二维码场景（场景值1011）打开时。
- 当小程序从扫小程序码场景（场景值1047）打开时。
- 当小程序从聊天顶部场景（场景值1089）中的「最近使用」内打开时，若小程序之前未被销毁，则该组件保持上一次打开小程序时的状态。
- 当从其他小程序返回小程序（场景值1038）时，若小程序之前未被销毁，则该组件保持上一次打开小程序时的状态。

所有的场景值说明请在微信提供的网页中查看：https://developers.weixin.qq.com/miniprogram/dev/framework/app-service/scene.html。

注意：official-account 组件可以套用在原生组件中。

2.6 小结和练习

2.6.1 小结

本章介绍了小程序的组件和部分 API 的使用方法，通过实例的方式练习和讲解了一些基本内容，也重点介绍了日常使用的一些组件。

2.6.2 练习

读者阅读完本章后，并不代表小程序的所有组件都学习完了，小程序仍然是一个发展非常迅速的事物，可能在半年的时间里又会增加新的组件或者新的 API，而原有的组件在经过一段时间之后，都会更新或修改，所以要通过日常对官方文档的关注和阅读来增加自己的知识储备。

读者可以进行下面的练习：

- 分析市场上常见的小程序使用的相关组件。
- 参考第三方提供的小程序组件，并分析其样式。

第 3 章
微信小程序 API

在几乎所有现有的技术框架中，框架本身提供的 API 都是非常重要的一部分，只有通过对现有 API 的学习，开发者才能开发出一款功能完善的作品。而这一点，对于微信小程序的开发而言至关重要，因为微信作为一个相对比较封闭的应用环境，很多底层功能的调用都只能通过调用微信提供的上层 API 来实现。

比如想要使用设备的信息、蓝牙、传感器等，都需要调用相关的 API。本章将会介绍至今为止小程序的 API，不同于其他微信小程序入门书籍，本书不会耗费大量的篇幅详细地介绍各个 API，本书介绍的所有 API 都偏向于使用，而 API 详细的内容，在微信小程序官网文档或者其他微信小程序类书籍中都可以找到。

本章涉及的知识点如下：

- 微信小程序的网络请求。
- 微信小程序的文件和媒体请求。
- 微信小程序的数据缓存。

- 微信小程序的设备 API。
- 微信小程序的多线程及其他开放接口。
- 微信小程序的其他 API 等。

3.1 小程序基础——网络请求 API

在一个微信小程序中，使用最多的 API 莫过于网络请求 API。通过对后端数据的请求，获取相关的数据或者资源，是微信小程序最常见的应用。甚至只是制作一个最简单的本地小程序，当需要用户的信息或者需要用户 open-id 时，也需要使用 API。

3.1.1 发起请求

最简单也是最基本的与服务器端交互的方式如下所示。

```
wx.request({
  url: 'test.php', // 仅为示例，并非真实的接口地址
  data: {},
  header: {},
  success: function(res) {
    console.log(res.data)
  }
})
```

上述代码请求了一个地址为 test.php 的页面，如果这个地址存在返回值，将会在控制台中打印其返回的内容。

注意：每个小程序都需要事先设置一个通信域名，小程序可以跟指定的域名进行网络通信，包括普通 HTTPS 请求（request）、上传文件（uploadFile）、下载文件（downloadFile）和 WebSocket 通信（connectSocket）。在微信开发者工具中，开发者可以临时开启"开发环境不校验请求域名、TLS 版本及 HTTPS 证书"，跳过服务器域名的校验，这样，在微信开发者工具中及手机开启调试模式时，不会校验服务器域名。

同样，如果使用 WePY 发起一个微信请求，也是非常简单的，只需要使用如下代码。

```
wepy.request({
url:'test.php'
}).then((res)=>{
    console.log(res.data)
})
```

为什么需要使用 WePY 这样的方法进行请求呢？因为 WePY 对小程序原生 API 进行了 promise 处理，同时修复了一些原生 API 的缺陷，比如 wx.request 的并发问题等。也就是说，当使用 WePY 的 request 时无须考虑不必要的问题。

注意：本书所有的 WePY 项目，均需要开启 promise。

在本书的一些实例中，如果涉及小程序的用户系统，为了方便区分不同用户的请求，会将 request 封装，为其添加简单的 Header 中的一个 token 值作为该用户的唯一标识，在所有的用户请求头部都会存在这个字段（获取 token 接口除外）。一开始，通过检查该用户的 open-id 确定是第一次登录，就为该用户生成一个唯一的 token，用户端接收到该 token 后，将其保存，并且在每一次的请求头中携带该 token 参数，这里封装的方法如下所示。

```
// 用户特有的请求头部 token
// 页面代码
userRequest(url, method, data, cb) {
  const that = this
  // 调用微信的请求
wepy.request({
    url: url,
    method: method,
    data: data,
    header: {
      'Token': wepy.getStorageSync('token'),
      'Cookie': wepy.getStorageSync('cookie')
    }
  }).then((res) => {
    if (res.header['Set-Cookie'] != null) {
      wepy.setStorageSync('cookie', res.header['Set-Cookie'])
    }
// 出现错误
    if (res.data.code === 1) {
      wepy.redirectTo({
        url: '主页地址'
      })
    }
    cb(res)
  })
}
```

这样，在使用该请求时，只需使用 this.userRequest(url, method, data, cb)方法即可使用封装的请求方法。

3.1.2 上传和下载

上传和下载功能同样也是微信小程序中非常重要的内容之一，而正是因为这些 API 的支持，在最近的一年中，出现了大量与上传和下载有关的小程序，其中不少小程序都获得了非常喜人的成绩，甚至因此拿到了一笔不菲的投资。

微信小程序的上传是将本地资源上传到开发者服务器，客户端发起一个 HTTPS POST 请求，其中 content-type 为 multipart/form-data，类似于网页表单的上传方式，只需要在服务器端接收文件即可，代码如下所示。

```
// 上传文件内容
wx.uploadFile({
    url: 'test.php', // 仅为示例，非真实的接口地址
    filePath: "临时文件路径",
    name: 'file',
    formData:{
      // .可以同时上传其他数据
    },
    success: function(res){
      var data = res.data
      // do something
    }
})
```

一般而言，微信可以获得的文件并不多，而应用这类接口可以上传用户相册中的图片（通过 wx.chooseImage）获取一个本地资源的临时文件路径，再通过此接口将资源上传到指定服务器的路径。3.2 节的实例将会展示一个简单的上传背景，使用 Canvas 绘制图片，获取用户二维码，并保存（下载）图片到相册中。

一般也不会单独使用微信的文件下载 API 接口，而是保存一些临时文件或一些网络资源。基本的使用方法如下所示。

```
wx.downloadFile({
  url: '', // 资源地址
  success: function(res) {
    // 只要服务器有响应数据，就会把响应内容写入文件并进入 success 回调，业务需要自行判断是否
    // 下载到了想要的内容
if (res.statusCode === 200) {
// 页面代码为 200 时请求成功
      wx.playVoice({
        filePath: res.tempFilePath
```

```
            })
        }
    }
})
```

注意：此处获得的地址为文件的临时路径，在小程序本次启动期间可以正常使用，重启后无法再次获得，主动调用 wx.saveFile，才能在小程序下次启动时访问得到。

3.2 节的实例中便使用了这个 API 用于下载用户在服务器端生成的二维码和用户上传的背景等内容，因为在使用 Canvas 绘制图片的过程中，其 API 仅仅支持本地图片地址，而无法直接绘制网络图片，所以需要将图片先下载到本地，再通过相关的 API（Canvas.drawImage）进行绘制。

在一般的下载或者上传中，仅仅提供简单的功能对于用户而言并不非常友善，及时反馈上传或下载的状态也是重要的一个环节，微信小程序给这样的功能提供了一个专门的监听对象。

对于下载，可以监听下载进度变化事件，以及取消下载任务的对象 DownloadTask。

当然，如果使用 WePY 上传和下载，其代码如下所示，也可以进行资源或文件的上传和下载。

```
wepy. uploadFile({
    url: 'test.php', // 仅为示例，非真实的接口地址
}).then((res)=>{
    ……
})
wepy.downloadFile({url:''}).then( (res)=){
if (res.statusCode === 200) {
// 页面代码为 200 时请求成功
    ……
}
})
```

具体的使用方法可以查看后续章节中有关 chooseImage()方法的介绍。

3.1.3 WebSocket

socket 通常也称作"套接字"，用于描述 IP 地址和端口，是一个通信链的句柄，可以用来实现不同虚拟机或不同计算机之间的通信。网络上的两个程序通过一个双向的通信连接实现数据的交换，这个连接的一端称为一个 socket。

WebSocket 是基于 TCP 的一种新的网络协议，它实现了浏览器与服务器全双工（full-duplex）通信——允许服务器主动发送信息给客户端。

和 HTTP 的 Request 请求不同，在实现 WebSocket 连接过程中，浏览器需要发出 WebSocket 连接请求，然后服务器发出回应，这个过程通常称为"握手"。在 WebSocket API 中，浏览器和服务器只需要做一个握手的动作，然后浏览器和服务器之间就形成了一条快速通道。

这种 API 一般用于什么地方呢？其实，WebSocket 一般用于用户端和服务端交互紧密并且频繁的应用场景，打通两者之间的数据通路，而不用定时一次次地发起普通 HTTP 请求（轮询方式），一般用于端对端之间的聊天和网络游戏这样的应用模式。

启动一个 socket 代码如下所示。

```
wx.connectSocket({
// 连接一个socket
  url: 'wss://example.qq.com',
  data:{},
  header:{
    'content-type': 'application/json'
  },
  protocols: ['protocol1'],
  method:"GET"
})
```

是不是和普通的请求很像？但是和普通的 Request 请求不同的地方在于，该请求成功连接一个 socket 后，将会保持这个连接的状态，而普通的 get/post 等请求则随着 HTTP 的断开而断开。

这个时候，可以调用 wx.onSocketOpen 这个 API 监听 WebSocket 连接打开事件，其代码如下所示。

```
wx.onSocketOpen(function(res) {
  console.log('WebSocket 连接已打开！')
})
```

当一个 socket 打开之后，最重要的内容则是通过该 socket 发送一个需要的信息，这个时候，需要用到 wx.sendSocketMessage 这个 API。

当然，这个发送的 API 必须在 wx.onSocketOpen 的回调函数 success 之后（WePY 中为 then 之后），其代码如下所示。

```
wx.onSocketOpen(function(res) {
  wx.sendSocketMessage({
    data:msg
  })
})
```

发送消息是避免不了要接收服务器端的消息的，在打开 socket 之后，可以调用 wx.onSocketMessage 这个 API 来接收服务器的消息事件。

```
wx.onSocketMessage(function(res) {
  console.log('收到服务器内容：' + res.data)
})
```

在消息的发送和接收过程中，因为某些原因出现一些错误是不可避免的，比如客户端设备无法打开 socket，或者网络掉线或者延迟，或者服务端请求过多造成拥堵，甚至断线等。

这个时候，就需要在出现错误时提醒用户或者开发者，并且尝试重连或者其他解决方案。用于接收错误信息的是 wx.onSocketError，这个 API 监听 WebSocket 错误，其完整的代码如下所示。

```
wx.onSocketError(function(res){
  console.log('WebSocket 连接打开失败，请检查！')
})
```

当完成一个 socket 连接后，应在用户不需要时进行 socket 的断连。一个服务器接收和承载的连接数是有限的，及时地断开不需要的连接可以极大减轻服务器的压力，减少资源的浪费。可以使用 wx.closeSocket 这个 API 关闭连接。

```
wx.closeSocket()
```

同样，和开启一个 socket 一样，在关闭时也存在一个事件监听 wx.onSocketClose，当一个 socket 关闭后会自动调用，代码如下所示。

```
wx.onSocketClose(function(res) {
  console.log('WebSocket 已关闭！')
})
```

注意： 基础库 1.7.0 之前，一个微信小程序同时只能有一个 WebSocket 连接，如果当前已存在一个 WebSocket 连接，会自动关闭该连接。基础库版本 1.7.0 及以后，支持存在多个 WebSokcet 连接，每次成功调用 wx.connectSocket 会返回一个新的 SocketTask。

1.7 版本之前，一个小程序仅支持一个 socket 连接，所以对于之前版本的小程序无须考虑多个 socket 连接的方式。但是在 1.7 版本之后，对于每一个 wx.connectSocket()方法均会返回一个 WebSocket 任务，也就是说，当用户使用多个不同的 socket 连接时，不能使用之前的连接和发送的 API，而应当使用该 Task 对象自身包含的发送、监听及关闭方法。

其代码和使用如下所示。

```
// 当使用 connectSocket 创建一个 task 后
```

```
// 发送信息
SocketTask.send(OBJECT)
// 接收消息
SocketTask.onMessage(CALLBACK)
// 关闭链接
SocketTask.close(OBJECT)
// 监听事件
SocketTask.onOpen(CALLBACK)
SocketTask.onClose(CALLBACK)
SocketTask.onError(CALLBACK)
```

3.2 实战：简单的 socket 聊天小程序

3.1 节介绍了小程序的 socket API，相信读者都已经忍不住想要实战演练一下如何使用 socket 了。本节将会从最简单的 socket 聊天入手，通过一个小程序来学习如何使用 socket API。

本实例涉及的技术和知识点：

- 客户端：WePY（小程序）
- socket 服务器端：Node.js

3.2.1 服务器端开发

许多语言都支持开发 WebSocket 服务器，本书在这里就不一一介绍了，这里介绍一种非常简单的方式，使用 Node.js 进行 WebSocket 服务器端的开发。

注意：该 WebSocket 服务器只是实现了本实例基本的功能和测试内容。

Node.js 技术对于想要开发微信小程序的开发者而言，应当是非常熟悉了，尤其是如果需要使用 WePY 这样的框架进行开发，则是完全依赖于 Node.js 和 npm 的。

想要开发 Node.js 版本的 WebSocket，需要用到一个 npm 包，在 npm 中有多个支持 WebSocket 开发的包，这里选择 ws。

使用 npm install -g ws 命令进行全局安装（或者非全局安装），其完整的使用文档和说明可以参照 https://www.npmjs.com/package/ws。

安装完成后，在项目中新建一个 JavaScript 文件 server.js，其完整的代码如下所示。

```
// 启动一个监听在 8080 端口的服务
```

```javascript
let WebSocketServer = require('ws').Server, webSocketServer = new
WebSocketServer({port: 8080})
// 可以使用 Hash 方式识别用户，端对端进行数据传输
// var HashMap = require('hashmap')
// var userConnectionMap = new HashMap()
let clients = []
let connectNum = 0

/*监听链接和消息*/
webSocketServer.on('connection', (ws) => {
  // 可以通过创建连接池来记录连接
  clients.push(ws);
  ++connectNum
  console.log('连接的数量为 : ' + connectNum)

  /*检测消息*/
  ws.on('message', (message) => {
    console.log(message)
    let objMessage = JSON.parse(message)
    console.log(objMessage.data)
    // 可以对消息进行一些处理或者转发其他客户端

  })
  // 随机发送消息
  setInterval(() => {
    if (connectNum !== 0) {
      setTimeout(() => {
        console.log('发送返回消息')
        // 从连接池中取得最新的连接
        clients[clients.length - 1].send(JSON.stringify({data: '来自服务器的消息'}))
      }, Math.random() * 10000 * 3)
    } else {
      console.log('无连接客户端')
    }
  }, 10000)

  /*检测关闭*/
  ws.on('close', () => {
    console.log('有连接断开')
    // 删除不需要的连接
    // clients.pop()
```

```
    connectNum--
  })
})
```

只是一个简单的文件，就创建好了一个 WebSocket 服务器，为了方便测试，这里会在有客户端连接时随机对客户端返回消息。启动这个服务器，只需要在命令行进入该文件夹下输入 node server.js，即可成功运行。

注意：因为是本地 socket 服务器直接使用 IP 连接，并未选择 wss://服务，可以在测试时选择 ws://地址，需要勾选小程序开发工具中的不校验合法域名、web-view（业务域名）、TLS 版本及 HTTPS 证书选项。

3.2.2 客户端开发

首先创建 socket 项目，使用 wepy init standard chat 创建一个 chat 小程序项目，完成基本的配置后，进入该目录，使用 npm i 安装依赖，如图 3-1 所示。

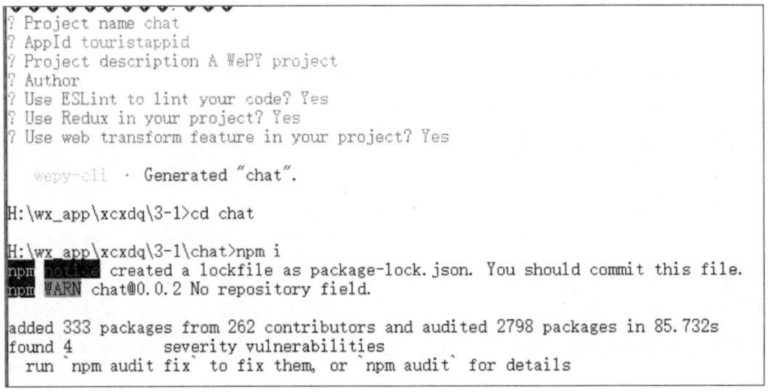

图 3-1 安装 chat 项目的依赖

安装成功后，使用 wepy build –watch 命令生成小程序，成功生成后，启动小程序开发工具，在 dist 文件夹下创建一个临时项目。

在 app.wpy 文件的 config 配置中新增一个 chat 页面，并且开启 promisify，修改如下所示，并且在 pages 文件夹下创建 chat.wpy 文件。

```
// 开启 promisify
  constructor () {
    super()
    this.use('requestfix')
    this.use('promisify')
```

```
  }
// 创建页面路径
    pages: [
      'pages/chat'
    ],
```

chat.wpy 需要一个简单的 input，输入需要发送的信息和一个发送消息的按钮，需要一个文本显示框用于显示服务器端返回的消息。在整个小程序中，开发者可以使用一个数组存储对话，而使用<repeat></repeat>循环显示聊天内容。

当用户输入信息后，文本框绑定的输入将用户输入的文字赋值在 say 变量中，在单击"发送"按钮的同时，该信息写入 chats 数组，如果收到服务器端的返回内容，也写入该数组。

按照上述预想模式，chat.wpy 中的<template></template>的内容如下所示。

```
<template>
  <view class="page">
    <view class="chats">
      <repeat for="{{chats}}" item="item">
        <view style="font-size: 20rpx;color: #ababab">{{item.time}}</view>
        <view style="font-size: 25rpx;padding-bottom: 20rpx">{{item.text}}</view>
      </repeat>
    </view>
    <view class="chatInput">
      <input placeholder="请输入聊天内容" bindinput="userSay"/>
    </view>
    <button @tap="sendMessage" size="mini" class="btn">
      发送消息
    </button>

  </view>
</template>
```

在<style></style>标签中对样式进行简单的调整，让界面更加美观一些，其完整的代码如下所示。

```
<style lang="less">
  .page {
    position: fixed;
    height: 100vh;
    width: 100vw;
    background: #e8e9d2;
```

```css
}
.chats {
  text-align: center;
  margin: 10vh 10vh 10vw 10vw;
  height: 65vh;
  width: 80vw;
  background-color: aliceblue;
  overflow: auto;
}
.chatInput {
  background: aliceblue;
  height: 40rpx;
  font-size: 20rpx;
  padding: 10rpx;
  width: 70vw;
  margin-left: 15vw;
  border-radius: 20rpx;
  margin-bottom: 3vh;
}
.btn {
  width: 70vw;
  margin-left: 15vw;
}
</style>
```

显示效果如图3-2所示。

在 JavaScript 逻辑代码中，首先设置一个页面全局变量 socketOpen，默认值为 false，在页面加载函数 onLoad()中需要启动一个 socket 连接，当连接成功后，回复 socket 连接成功并且调用接收服务器，同时将变量 socketOpen 赋值为 true，代码如下所示。

图 3-2　显示效果

```
onLoad() {
  const that = this
  // 延迟启动 socket
  setTimeout(() => {
```

```
      that.wssInit()
    }, 2000)
}
```

其中，初始化 socket 连接的函数如下所示，在此函数中调用了服务器返回的信息，当出现错误时将状态量赋值为 false，并且尝试重连。

```
wssInit() {
  const that = this
  this.startSocket()
  // 连接失败时显示
  wepy.onSocketError(function (res) {
    socketOpen = false
    console.log('WebSocket 连接打开失败，请检查！', res)
    setTimeout(() => {
      that.startSocket()
    }, 2000)
  })
  // 监听连接成功
  wepy.onSocketOpen(function (res) {
    socketOpen = true
    console.log('WebSocket 连接已打开！')
    // 接收服务器的信息
    that.receiveMessage()
  })
}
```

同样当输入文字并且单击了"发送"按钮时，将会发送一则消息给服务器，其按钮绑定的 sendMessage() 方法如下所示。当用户输入文字时，会直接合并入 data 中的 chats 数组，同时界面会显示输入的文字和时间，之后调用发送给服务端的方法，将输入的文字发送给服务器。

```
  // 发送对话
  sendMessage() {
    let time = new Date()
    this.chats = this.chats.concat([{time: time.toLocaleTimeString(), text: '我说：' + this.say}])
    this.handleSendMessage()
    this.$apply()
  }
```

和发送消息一样，当客户端接收到服务器发送的消息后，也将消息合并入该数组中，然后显示在页面上，实现简单的聊天功能。为了方便读者参考，这里给出该页面的全部 JavaScript

逻辑代码。

```
<script>
  import wepy from 'wepy'
  // 监听是否打开的状态量
  let socketOpen = false
  export default class chat extends wepy.page {
    data = {
      say: '',
      chats: [{time: '聊天开始', text: ''}]
    }

    methods = {
      // 用户输入相关的内容
      userSay(e) {
        this.say = e.detail.value
        this.$apply()
      },
      // 发送对话
      sendMessage() {
        let time = new Date()
        this.chats = this.chats.concat([{time: time.toLocaleTimeString(), text: '我说：' + this.say}])
        this.handleSendMessage()
        this.$apply()
      }
    }

    // 启动一个socket
    startSocket() {
      wepy.connectSocket({
        url: 'ws://127.0.0.1:8080'
      })
    }

    wssInit() {
      const that = this
      this.startSocket()
      // 连接失败显示
      wepy.onSocketError(function (res) {
        socketOpen = false
```

```
      console.log('WebSocket 连接打开失败，请检查！', res)
      setTimeout(() => {
        that.startSocket()
      }, 2000)
    })
    // 监听连接成功
    wepy.onSocketOpen(function (res) {
      socketOpen = true
      console.log('WebSocket 连接已打开！')
      // 接收服务器的消息
      that.receiveMessage()
    })
  }

  // 接收服务器的消息
  receiveMessage() {
    const that = this
    if (socketOpen) {
      console.log('读取 socket 服务器……')
      wepy.onSocketMessage(function (res) {
        let time = new Date()
        console.log('收到服务器内容：', res)
        let resData = JSON.parse(res.data)
        console.log(resData)
        if (resData.data) {
          that.chats = that.chats.concat([{time: time.toLocaleTimeString(), text: '服务器说：' + resData.data}])
          that.$apply()
        }
      })
    } else {
      // 未打开状态需要延时重新调用
      console.log('服务器没有连接')
      setTimeout(() => {
        that.receiveMessage()
      }, 2000)
    }
  }

  // 向服务器发送消息
  handleSendMessage() {
```

```
      const that = this
      console.log('尝试向服务器发送消息：')
      console.log(that.say)
      wepy.sendSocketMessage({
        data: JSON.stringify({data: that.say})
      })
    }

    events = {}

    onLoad() {
      const that = this
      // 延迟启动 socket
      setTimeout(() => {
        that.wssInit()
      }, 2000)

    }
  }
</script>
```

当启动 socket 服务器和小程序时，开发者便可以看到小程序作为客户端和服务器端的交互了，如图 3-3 所示。

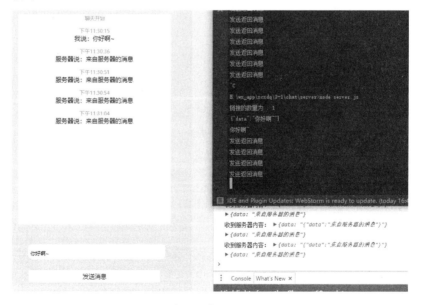

图 3-3　服务器端命令行和页面显示

3.3 小程序的基础 API——更新和设备信息

相对于小程序的联网基础，本节介绍的 API 都是常用的一些有关小程序系统和获取数据的 API。通过这些 API，可以分析用户的来源、用户的终端设备型号和屏幕尺寸等信息，以及进行一些页面处理和错误信息的收集等。虽然这些 API 并不是必需的，但是如果学会使用这些 API，可以极大地提高小程序的用户体验，减少 bug 和错误。

3.3.1 小程序的自动更新

众所周知，小程序的更新需要开发者提交相应的版本给微信进行审核，如果没有问题，则会通过审核。然后需要开发者对该版本进行推送，而在推送该版本时存在两个不同的选项：一个是"全量发布"，另一个是"延迟发布"。

一般而言，开发者当然希望上线后立即能推送到用户的终端上，并且及时提示用户升级、重启等，但可惜，如果用户不使用相关的代码进行手动的拉取和更新，则会导致不同用户使用的版本是不同的。

对于 iPhone 这样不会主动清除缓存的手机，微信会长达一天甚至更久的时间不主动推送更新，这个时候，只能通过用户主动拉取新版本的方式进行更新，而小程序也为我们提供了这个 API——wx.getUpdateManager()。

通过这个 API 可以获取一个专门用于小程序更新的更新管理器对象 UpdateManager，它拥有 4 个不同的方法，如表 3-1 所示。

表 3-1 更新管理器对象的方法

方 法 名 称	说 明
UpdateManager.applyUpdate()	强制小程序重启并使用新版本。在小程序的新版本下载完成后（即收到onUpdateReady回调）调用
UpdateManager.onCheckForUpdate(function callback)	监听向微信后台请求检查更新结果事件。微信在小程序冷启动时自动检查更新，不需要开发者主动触发
UpdateManager.onUpdateReady(function callback)	监听小程序是否有版本更新事件。客户端主动触发下载（无须开发者触发），下载成功后回调
UpdateManager.onUpdateFailed(function callback)	监听小程序更新失败事件。小程序有新版本，客户端主动触发下载（无须开发者触发），下载失败（可能是网络原因等）后回调

注意：在微信开发者工具上可以通过 "编译模式" 下的 "下次编译模拟更新" 开关来调试，如图 3-4 所示。

图 3-4　更新调试

一般而言，开发者会在整个小程序启用的时候调用这个 API，检测是否有更新。如果存在更新，提示用户之后直接更新相关的小程序并重启，这样能让用户使用到最新版本的小程序。这里提供一个通用的代码，在 WePY 工程中可以写在 app.wpy 文件的 onLaunch 中。

```
onLaunch() {
  const updateManager = wx.getUpdateManager()
  updateManager.onCheckForUpdate(function (res) {
      // 请求完新版本信息的回调
    console.log(res.hasUpdate)
  })
  updateManager.onUpdateReady(function () {
    wx.showModal({
      title: '更新提示',
      content: '新版本已经准备好，是否重启应用？',
      success: function (res) {
        if (res.confirm) {
          // 新的版本已经下载好，调用 applyUpdate 应用新版本并重启
          updateManager.applyUpdate()
        }
      }
    })
  })
  updateManager.onUpdateFailed(function () {
    // 新版本下载失败
    wx.showModal({
      title: '更新提示',
      content: '新版本下载失败',
```

```
      showCancel: false
    })
  })
}
```

这样，在启动该小程序后会自动调用 API，查询线上版本是否有相应的更新，如果存在更新，系统则会提示用户并且重启小程序，而如果因为某些原因下载更新失败，也会给用户相关的操作提示，如图 3-5 所示。

图 3-5 更新提示

注意：更新事件也可以选择不提示的方式进行重启更新，或者无论用户是否单击确定按钮都强制执行更新事件。

3.3.2 获取用户终端信息

很多时候开发者需要获取用户的手机信息，包括屏幕尺寸的大小、手机品牌、可用窗口大小等，甚至获取用户的微信版本号。

对于这种需求，小程序为开发者提供了两个相关的 API，分别是 wx.getSystemInfoSync() 和 wx.getSystemInfo(Object object)。这两个 API 获得的数据都是一样的，不同的是，一个是同步进行的，而另一个是异步进行的。

一般而言，获取用户的设备信息并不会损失太多的性能，并且大量的应用应当在小程序加载时即获取用户的设备信息，所以可以选择同步模式，将其存放在数据缓存中，随时取用。

如下代码获取用户终端信息实例即使用了同步的方式获取用户的设备信息，存放在缓存中。该方法写在主页的 onLoad() 中，在页面加载时调用了该方法，并且首先检查是否存在了缓存中。

```
<script>
  import wepy from 'wepy'

  export default class Index extends wepy.page {
    config = {
      navigationBarTitleText: 'test'
    }
    components = {}
```

```
    mixins = [testMixin]
    data = {
      phoneInfo: {}
    }
    computed = {}
    methods = {}
    onLoad() {
      this.getPhoneInfo()
    }

    // 通过获取用户的手机屏幕尺寸来控制图片和画布大小
    getPhoneInfo() {
      let system = wx.getStorageSync('system')
      if (!system) {
        try {
          system = wx.getSystemInfoSync()
          // 缓存
          wx.setStorageSync('system', system)
        } catch (e) {
          console.log('出现错误')
        }
      }
      this.phoneInfo = system
      this.$apply()
    }
  }
</script>
```

加载该 index 页面，如图 3-6 所示，在缓存中存放了用户设备信息。

Key	Value
system	- Object model: "iPhone X" pixelRatio: 3 windowWidth: 375 windowHeight: 642 system: "iOS 10.0.1" language: "zh" version: "6.6.3" screenWidth: 375 screenHeight: 812 SDKVersion: "2.4.3" brand: "devtools" fontSizeSetting: 16 batteryLevel: 100 statusBarHeight: 44 platform: "devtools" __proto__: Object.prototype

图 3-6　用户设备信息

3.3.3 获取小程序相关信息

在之前的版本中，开发者想要获取小程序启动时的参数和其他的应用级事件，都只能通过手动更新全局变量或者缓存的方式进行，而在新版的小程序中提供了获取小程序应用级事件的函数。

通过 wx.getLaunchOptionsSync()这个 API，开发者可以获取小程序启动时的参数，该参数当然是一个同步方法。

对于应用级事件，包括错误信息和前后台切换事件均拥有监听函数，通过开启这类监听函数，可以判断当前小程序的错误和是否在前后台的状态。那么监控这些参数有什么意义呢？当然是用于后台数据的统计，以及错误预警，其支持的应用级事件获取 API 如表 3-2 所示。

表 3-2 应用级事件获取 API

API 名称	说　明
wx.offPageNotFound(function callback)	取消监听小程序要打开的页面不存在事件
wx.onPageNotFound(function callback)	监听小程序要打开的页面不存在事件。该事件与 App.onPageNotFound 的回调时机一致
wx.offError(function callback)	取消监听小程序错误事件
wx.onError(function callback)	监听小程序错误事件。如脚本错误或 API 调用报错等。该事件与App.onError 的回调时机与参数一致
wx.offAppShow(function callback)	取消监听小程序切换到前台事件
wx.onAppShow(function callback)	监听小程序切换到前台事件。该事件与 App.onShow 的回调参数一致
wx.offAppHide(function callback)	取消监听小程序隐藏到后台事件
wx.onAppHide(function callback)	监听小程序隐藏到后台事件。该事件与 App.onHide 的回调时机一致

3.3.4 获取设备 Wi-Fi 状态

小程序提供的简单的 API 可以控制一些传感器，或者获取手机设备中的一些参数。某些 Wi-Fi 类小程序，使用如下 API 方法可以实现 Wi-Fi 的控制和连接等。

`wx.startWifi(Object object)`

这个 API 用于初始化 Wi-Fi 模块，开启 Wi-Fi 模块后才允许 Wi-Fi 模块控制 API 方法执行，否则会返回 12000 not init 错误。

`wx.stopWifi(Object object)`

通过这个 API 可以关闭上一个 API 开启的 Wi-Fi。一般需要在完成所有的 Wi-Fi 操作后调用该 API，这样可以形成一个良好的应用闭环，也可以帮助用户的设备及时释放不需要的资源，节约用电。

在开启了 Wi-Fi 系统之后，需要获取当前设备所能接收到的 Wi-Fi 信号列表，这个时候需要使用如下 API。

`wx.getWifiList(Object object)`

不同于其他 iOS 和 Android 通用方法，这个 API 需要区分系统是 iOS 还是 Android，如果是 iOS 将跳转到系统的 Wi-Fi 界面，如果是 Android 则不会跳转。iOS 11.0 及 iOS 11.1 两个版本因系统问题，使得该方法失效，但在 iOS 11.2 中已修复。

为了解决不同系统的不同情况，微信在调用该 API 后，会在对此事件的监听 API 中获取系统的返回值，监听 API 如下所示。

`wx.onGetWifiList(function callback)`

返回的是一个 wifiList 对象，其中包含了 Wi-Fi 的相关信息，其属性如表 3-3 所示。

表 3-3　wifiList对象属性

属 性 名 称	说　　　明
string SSID	Wi-Fi的SSID
string BSSID	Wi-Fi的BSSID
boolean secure	Wi-Fi是否安全
number signalStrength	Wi-Fi信号强度

这里需要注意，对于苹果系统，需要 onGetWifiList 回调一个新的 API 用于设置 wifiList 连接中的 API 相关信息，如下所示。

`wx.setWifiList(Object object)`

这个 API 需要设置一个对象参数，这个参数包含需要连接 Wi-Fi 的 SSID、BSSID 及 password 信息。

之后调用 wx.connectWifi(Object object) 这个 API 即可连接 Wi-Fi，代码如下所示。

```
wx.connectWifi({
  SSID: '',
  password: '',
  success(res) {
    console.log(res.errMsg)
  }
})
```

当然该 API 的连接也存在一个监听函数，即 wx.onWifiConnected(function callback)。

同样，对于用户已经连接的 Wi-Fi，微信小程序也提供了获取方式。通过 wx.getConnectedWifi(Object object)这个 API 可以获得已连接的 Wi-Fi 的信息，该 API 返回的数据对象依旧是 WifiInfo 对象。

3.3.5 获取设备加速计、陀螺仪和方向

智能手机内部的传感器是多种多样的，手机的功能也不再仅限于拨打电话或者发送短信和上网了。具备了更多传感器的手机，也让开发者能够开发出更多有趣的应用和功能，比如微信上的摇一摇。

小程序也为开发者准备了获取加速计、陀螺仪和方向的 API，通过调用这些 API 可以方便地获得这些传感器的数值。

- 加速计

加速计提供了 3 个 API，通过 wx.startAccelerometer(Object object)启用加速计，通过对 interval 参数的不同赋值，来确定不同的回调频率。

```
wx.startAccelerometer({
// game    适用于更新游戏的回调频率，在 20ms/次 左右
// ui      适用于更新 UI 的回调频率，在 60ms/次 左右
// normal  普通的回调频率，在 200ms/次 左右
  interval: 'game'
})
```

加速计的监听是通过 wx.onAccelerometerChange(function callback)这个 API 进行的，该 API 返回的 3 个数值，即设备的 x、y、z 坐标（对应空间坐标系）。

等待监听结束或者页面被关闭，可以使用 wx.stopAccelerometer(Object object)这个 API 来结束对加速计数据的监听。

- 陀螺仪

陀螺仪和加速计的 API 相差不大，也是通过两个方法进行控制，使用一个监听变化的参数获取陀螺仪数据，代码如下所示。

```
wx.startGyroscope()
wx.onGyroscopeChange((res)=>{
   // x/y/z轴的角速度
console.log(res)
wx.stopGyroscope()
})
```

- 方向

使用 wx.startDeviceMotionListening(Object object)开启方向传感器，在 wx.onDeviceMotionChange (function callback)中监听传感器，最后以 wx.stopDeviceMotionListening(Object object)结束监听。

3.3.6　获取设备蓝牙和 NFC

蓝牙是常见的数据传输设备，微信小程序自然也支持对蓝牙的调用。蓝牙也需要使用 API 对蓝牙硬件进行唤起操作，可以使用 wx.openBluetoothAdapter(Object object)这个 API 初始化蓝牙模块。通过 wx.closeBluetoothAdapter(Object object)关闭蓝牙模块，调用该 API 会断开所有已创建的连接并释放系统资源。

wx.startBluetoothDevicesDiscovery(Object object)这个 API 会搜寻附近的蓝牙外围设备，设置其 services 属性可以只搜索主服务 UUID 相匹配的设备。此操作比较耗费系统资源，请在搜索并连接到设备后调用 wx.stopBluetoothDevicesDiscovery(Object object)方法停止搜索，其代码如下所示。

```
wx.startBluetoothDevicesDiscovery({
  services: ['FEE7'],
  success(res) {
    console.log(res)
  }
})
```

如果寻找到新设备，则需要在 wx.onBluetoothDeviceFound(function callback)这个函数中进行监听，其代码如下所示。

```
// ArrayBuffer 转 16 进制字符串示例
function ab2hex(buffer) {
  const hexArr = Array.prototype.map.call(
    new Uint8Array(buffer),
    function (bit) {
      return ('00' + bit.toString(16)).slice(-2)
    }
  )
  return hexArr.join('')
}
wx.onBluetoothDeviceFound(function (devices) {
  console.log('new device list has founded')
  console.dir(devices)
  console.log(ab2hex(devices[0].advertisData))
})
```

如果设备的蓝牙已经和其他蓝牙设备进行连接，同样也可以获得已经连接设备的状态，通过

wx.getConnectedBluetoothDevices(Object object)这个 API。该 API 同样会返回一个 Array 类型的设备列表，如表 3-4 所示。

表 3-4 设备列表

属性名称	类型	说明
name	string	蓝牙设备名称，某些设备可能没有
deviceId	string	用于区分设备的ID
RSSI	number	当前蓝牙设备的信号强度
advertisData	ArrayBuffer	当前蓝牙设备的广播数据段中的 ManufacturerData 数据段
advertisServiceUUIDs	Array	当前蓝牙设备的广播数据段中的 ServiceUUIDs 数据段
localName	string	当前蓝牙设备的广播数据段中的 LocalName 数据段
serviceData	Object	当前蓝牙设备的广播数据段中的 ServiceData 数据段

除了上述 API，还有一个 wx.getBluetoothDevices(Object object)，可以获取在蓝牙模块生效期间所有已发现的蓝牙设备，包括已经和本机处于连接状态的设备，此 API 也会返回一个 Array 类型的设备列表。

注意：上述 API 如果获取到的设备列表为蓝牙模块生效期间所有搜索到的蓝牙设备，若在蓝牙模块使用流程结束后未及时调用 wx.closeBluetoothAdapter 释放资源，调用该 API 会返回之前的蓝牙使用流程中搜索到的蓝牙设备，可能设备已经不在用户身边，无法连接。

另一种新的传输方式则是 NFC，即近场通信（Near Field Communication），是一种短距离的高频无线通信技术，可以在彼此靠近的情况下进行数据交换，由非接触式射频识别（RFID）及互联互通技术整合演变而来。通过在单一芯片上集成感应式读卡器、感应式卡片和点对点通信功能，利用移动终端实现移动支付、电子票务、门禁、移动身份识别、防伪等。

虽然市场中支持 NFC 技术的手机并不是特别多，但是中端和高端手机对 NFC 的支持已经成为标配，所以微信小程序也提供了这种设备的控制 API。

注意：因为受制于苹果手机系统的封闭性，所以很多 NFC 功能仅支持在 Android 端实现。

可以通过 wx.getHCEState(Object object)函数判断设备是否支持 NFC 和 NFC 是否开启，代码如下所示。

```
wx.getHCEState({
  success(res) {
    console.log(res.errCode)
  }
})
```

同样，NFC 也需要通过 wx.startHCE(Object object)和 wx.stopHCE(Object object)实现初始化和关闭。

在初始化设备完毕后，可以通过 wx.sendHCEMessage(Object object)发送一个 NFC 消息，通过 wx.onHCEMessage(function callback)监听接收 NFC 设备发送的消息来进行数据的传输，使用方法如下所示。

```
const buffer = new ArrayBuffer(1)
const dataView = new DataView(buffer)
dataView.setUint8(0, 0)

wx.startHCE({
  success(res) {
    wx.onHCEMessage(function (res) {
      if (res.messageType === 1) {
        wx.sendHCEMessage({data: buffer})
      }
    })
  }
})
```

3.3.7 设备屏幕 API

很多小程序需要长时间亮屏或者调整不同的屏幕亮度，这就需要小程序对屏幕亮度进行相应的调节。小程序提供了 4 个不同的 API 用于调节屏幕亮度，如表 3-5 所示，小程序给定的亮度范围是 0~1（0 最暗，1 最亮）。

表 3-5 屏幕亮度

名 称	说 明
wx.setScreenBrightness(Object object)	通过 value 参数调整屏幕的亮度
wx.setKeepScreenOn(Object object)	通过 keepScreenOn 参数调整是否是常亮状态，调用该方法时 keepScreenOn 本身默认为 true，即常亮
wx.onUserCaptureScreen(function callback)	截屏事件监控，可以在用户截屏后自动调用
wx.getScreenBrightness(Object object)	获取屏幕亮度

注意：在获取亮度时，若 Android 系统设置中开启了自动调节亮度功能，则屏幕亮度会根据光线自动调整，接口仅能获取自动调节之前的亮度，而非实时的亮度。

3.3.8 设备的扫码和振动

第 2 章有一个 camera 组件，支持最新版本的二维码扫描，但还有一个更简单的 API，wx.scanCode(Object object)，使用这个 API 可以直接调用客户端扫码界面进行扫码操作，如表 3-6 所示。

表 3-6 扫码API属性及说明

属性	说明
onlyFromCamera	布尔类型，是否能从相机扫码而不允许从相册选择图片
scanType	数组类型，允许扫描4种不同的码（barCode为一维码，qrCode为指定二维码 datamatrix，Data为Matrix码，pdf417为符合PDF417的条码）
success	成功后的回调
Fail	失败后的回调
Complete	完成后的回调

扫码后会返回扫码的内容和原始数据的 base64 编码，如果扫描的是当前小程序的二维码，会返回一个专用的 path 字段，用于区分该小程序二维码的页面路径，代码如下所示。

```
// 允许从相机和相册扫码
wx.scanCode({
  success(res) {
    console.log(res)
  }
})

// 只允许从相机扫码
wx.scanCode({
  onlyFromCamera: true,
  success(res) {
    console.log(res)
  }
})
```

振动也是小程序中非常常见的一个功能，小程序为我们提供了两个不同的 API，可以实现较长的振动和较短的振动，使用方法如下所示。

```
// 使手机发生较短时间的振动（15 ms）。仅在 iPhone 7 / 7 Plus 以上及 Android 机型中生效
wx.vibrateShort(Object object)
// 使手机发生较长时间的振动（400 ms）
wx.vibrateLong(Object object)
```

3.3.9 获取设备的剪贴板

还记得淘宝之类的应用是如何通过微信来分享的吗？通过发送一段有一定意义的文字信息（淘口令）给对方复制，而对方收到相关的信息后进入相关的 App（淘宝或者天猫）时，App 会自动弹出对方分享给你的商品页面。

这是如何实现的呢？其实是淘宝和天猫在启动打开时自动读取了手机设备的剪贴板的内容，并且将内容进行分析而实现的。

小程序也为开发者提供了这个功能，可以通过设置和读取手机设备的剪贴板而实现想要的效果，其使用方法如下所示。

```
wx.getClipboardData({
  success(res) {
    console.log(res.data)
  }
})
```

通过上述代码可以非常简单地获取剪贴板的内容，并且不需要用户的授权和许可，完全可以静默执行。同时小程序也为开发者提供了剪贴板 API，只需要在用户的单击事件中或进入页面后自动执行，就可以将需要的内容写至系统剪贴板中，代码如下所示。

```
wx.setClipboardData({
  data: 'data',
  success(res) {
    wx.getClipboardData({
      success(res) {
        console.log(res.data) // data
      }
    })
  }
})
```

注意：用户的剪贴板中可能会存在大量数据，如果要将所有的数据保存在服务器中，要考虑到大量数据写入的情况。

3.3.10 获取设备位置的 API

第 2 章介绍了一个 map 组件，该组件可以获取腾讯提供的地图信息，但是如何在小程序中获得使用者的位置信息呢？使用有关位置信息的 API 就行了。

wx.openLocation(Object object)可以使用微信内置地图查看位置，当然这里需要传递一个已知的位置，其属性如表 3-7 所示。

表 3-7　wx.openLocation(Object object)的属性

属性名称	类型	必需	说明
latitude	number	是	纬度，范围为-90~90，负数表示南纬。使用gcj02国测局坐标系
longitude	number	是	经度，范围为-180~180，负数表示西经。使用gcj02国测局坐标系
scale	number	否	缩放比例，范围为5~18
name	string	否	位置名
address	string	否	地址的详细说明
success	function	否	接口调用成功的回调函数
fail	function	否	接口调用失败的回调函数
complete	function	否	接口调用结束的回调函数（调用成功、失败都会执行）

当然，除了目标位置，很多应用都应当知道用户当前的地理位置，小程序也提供了相关的API。调用 wx.getLocation(Object object)可以获取当前的地理位置、速度。当用户离开小程序后，此接口无法调用。

注意：在新版本中获取当前的位置信息必须用户授权。

wx.getLocation(Object object)的属性如表 3-8 所示。

表 3-8　wx.getLocation(Object object)的属性

属性名称	类型	必填	说明
type	string	否	默认值为wgs84，wgs84返回GPS坐标，gcj02返回可用于wx.openLocation的坐标
altitude	string	否	默认值为false，传入true会返回高度信息，由于获取高度信息需要较高精确度，会减慢接口返回速度
success	function	否	接口调用成功的回调函数
fail	function	否	接口调用失败的回调函数
complete	function	否	接口调用结束的回调函数（调用成功、失败都会执行）

wx.getLocation(Object object)会返回设备所处的经、纬度，以及当前速度和位置的精确度、垂直和水平高度等信息，如表 3-9 所示。

表 3-9　wx.getLocation(Object object)的返回值

属性名称	类型	说明
latitude	number	纬度，范围为-90~90，负数表示南纬

续表

属性名称	类型	说明
longitude	number	经度，范围为-180~180，负数表示西经
speed	number	速度，单位为m/s
accuracy	number	位置的精确度
altitude	number	高度，单位为m
verticalAccuracy	number	垂直精度，单位为m（Android无法获取，返回0）
horizontalAccuracy	number	水平精度，单位为m

通过 wx.getLocation(Object object)和 wx.openLocation()可以标示出设备的地理位置，代码如下所示。

```
wx.getLocation({
  type: 'gcj02', // 返回可以用于 wx.openLocation 的经、纬度
  success(res) {
    const latitude = res.latitude
    const longitude = res.longitude
    wx.openLocation({
      latitude,
      longitude,
      scale: 18
    })
  }
})
```

3.4 路由页面跳转和数据缓存 API

任何小程序都不会缺少页面之间的跳转这个功能，同时小程序提供的数据缓存也可以让很多数据没有必要从服务器端获取多次，所以使用页面跳转和数据缓存是一个要点。

3.4.1 页面之间的跳转

第2章介绍了一个用于实现跳转链接的组件<navigator></navigator>，而小程序并不是只有单击组件才可以实现跳转，通过代码也可以实现跳转。

小程序给页面的跳转提供了5种不同的方法，其本质均为打开一个新的页面，但是效果却不同。

- wx.navigateTo(Object object)和 wx.navigateBack(Object object)

使用 wx.navigateTo(Object object)可以保留当前页面,跳转到应用内的某个页面,但是不能跳到 tabBar 页面,使用 wx.navigateBack(Object object)可以返回到原页面。

wx.navigateTo(Object object)只需要一个 url 参数即可实现应用内的页面跳转,同时采用"路径"+"?"+"参数"的形式可以传递相应的参数给下一个页面,可以使用相应的 API 或者 onLoad(options)中的 options 参数获取该值。

通过该方法打开的页面相当于在不关闭原页面的基础上新建打开的页面,即新页面加入整个小程序的页面堆栈中,使用设备自带的后退功能将会返回上级页面。同时,也可以使用 wx.navigateBack(Object object)这个方法返回不同的层数,其使用方式如下所示。

```
wx.navigateTo({
  url: 'test?id=1'
})
// 将会返回页面堆栈的第二层的页面
wx.navigateBack({
  delta: 2
})
```

注意:对于设定在 tabBar 配置中的页面不能使用该方法打开。

- wx.switchTab(Object object)

这个方法可以跳转到 tabBar 页面,同时关闭其他所有非 tabBar 页面。这意味着如果使用该方法返回,将会关闭所有除跳转的 tabBar 页面以外的页面,并且在这个方法跳转的 url 参数中是不允许增加路径的。

```
wx.switchTab({
// 该页面路径必须在 tabBar 配置中
  url: '/pages/index'
})
```

- wx.reLaunch(Object object)

该方法相当于 wx.switchTab(Object object)的通用版本,会关闭所有的页面,同时可以跳转到任意的应用内页面,路径后可以带参数。参数与路径之间使用"?"分隔,参数键与参数值用"="相连,不同参数用"&"分隔。但是如果跳转到的是 tabBar 页面,则不能带参数。

```
wx.reLaunch({
  url: 'test?id=1'
})
```

- wx.redirectTo(Object object)

这个方法提供的跳转是关闭当前页面后跳转到应用内的某个页面，但是不允许跳转到 tabBar 页面。相当于在当前的页面上打开了新页面，新页面代替了原页面的堆栈。如果使用 wx.navigateBack (Object object)跳转到上一级，会直接返回原页面的上一级页面（因为原页面已经被关闭）。

```
wx.redirectTo({
  url: 'test?id=1'
})
```

3.4.2 数据缓存添加和获取 API

数据缓存可以让用户保存适当的数据信息在微信小程序的本地缓存中，方便随时取出而不需要请求服务器或者经过烦琐的处理等。

对于所有的数据缓存方法，微信小程序均提供了同步版本和异步版本，而这两种版本的实现大同小异，可以根据需求进行选择。数据缓存添加可以使用如下所示的两种添加方法。

```
// 同步
try {
  wx.setStorageSync('key', 'value')
} catch (e) { }
// 异步
wx.setStorage({
  key: 'key',
  data: 'value'
})
```

数据存储在本地缓存指定的 key 中，会覆盖原来该 key 对应的内容。数据存储生命周期跟小程序本身一致，即除用户主动删除或超过一定时间被自动清理，否则数据一直可用。单个 key 允许存储的最大数据量为 1MB，所有数据存储上限为 10MB。

存储的内容会在小程序的调试器中的 Storage 这个选项卡中显示出来，如图 3-7 所示。

对于获取已知 key（键）的值，小程序同样为开发者提供了两个方法，代码如下所示。

```
// 异步
wx.getStorage({
  key: 'key',
  success(res) {
    console.log(res.data)
  }
```

```
})
// 同步
try {
  const value = wx.getStorageSync('key')
  if (value) {
    // 利用返回值进行操作
  }
} catch (e) {
  // 出现错误时的处理
}
```

图 3-7　缓存调试

如果当前并不知道具体的键是多少，或者需要查询当前缓存的空间，以防超过相应的保存空间，小程序也为开发者准备了相应的方法，也有同步和异步两种，代码如下所示。

```
// 异步
wx.getStorageInfo({
  success(res) {
    console.log(res.keys)
    console.log(res.currentSize)
    console.log(res.limitSize)
  }
})
// 同步
try {
  const res = wx.getStorageInfoSync()
```

```
    console.log(res.keys)
    console.log(res.currentSize)
    console.log(res.limitSize)
} catch (e) {
    // 出现错误时的处理
}
```

这个方法会返回 3 个值，分别是 keys（当前 storage 中所有的 key）、currentSize（当前占用的空间大小，单位为 KB）、limitSize（限制的空间大小，单位为 KB）。可以根据这 3 个值获取想要的键值或者删除一些不用的内容。

3.4.3 数据缓存删除 API

相对于设置数据缓存和读取数据缓存，删除数据缓存同样拥有同步和异步两个相应的方法，如果在已知键值的情况下删除，则需要将该键值作为参数调用方法，其代码如下所示。

```
// 异步
wx.removeStorage({
  key: 'key',
  success(res) {
    console.log(res.data)
  }
})
// 同步
try {
  wx.removeStorageSync('key')
} catch (e) {
  // 出现错误时的处理
}
```

这样就可以删除该键对应的缓存了，但是如果想要删除所有的缓存内容，难道要一个键值一个键值地删除吗？小程序为开发者提供了一个更加方便的方法，其代码如下所示。

```
// 异步
wx.clearStorage()
// 同步
try {
  wx.clearStorageSync()
} catch (e) {
  // 出现错误时的处理
}
```

使用上述方法可以将所有的本地数据缓存清除。

3.5 小程序界面交互 API

小程序界面中所有的提示和信息导航其实都可以通过 UI 和代码来制作，但是大量风格不统一的设计往往使得用户体验很差，并且对开发者和设计师而言，也极大地加大了工作量。为了加速开发并且提供统一的样式，小程序为开发者提供了简单的 API 显示提示框和导航等内容。

3.5.1 提示框和模态框

这可能是最常见也是最常用的两个 API 了，一般用于提示信息的显示，不同的是，一个仅显示信息，而另一个提供了用户的确认和取消等操作。相对于提示框，模态框显示的内容和文字更加丰富。

对于提示框，只需要使用 wx.showToast()方法即可完成，代码如下所示。

```
wx.showToast({
  title: '成功',
  icon: 'success',
  duration: 2000
})
```

提示框的参数如表 3-10 所示。

表 3-10 提示框的参数

属性名称	类型	说明
title	string	提示的内容
icon	string	图标，默认为success
image	string	自定义图标的本地路径，image 的优先级高于 icon
duration	number	提示的延迟时间，默认为1500，会自动消失
mask	boolean	是否显示透明蒙层，防止触摸穿透，默认为false

参数 icon 支持两种不同的 icon，success 显示为一个"对号"，loading 显示为等待旋转的动画。对于这两种显示，如果需要显示文字，此时 title 文本最多显示 7 个汉字长度，如果将 icon 设置为 none，则不显示图标，此时 title 文本最多可显示两行。

一些操作或请求需要等待时间，而一次次地调用 wx.showToast 可能并不准确，执行完成后也不能及时地将其隐藏，所以为了方便用户等待，小程序为开发者准备了新的 API。

使用wx.showLoading()可以让屏幕中显示出等待的提示框,只不过这个提示框不会自主消失,甚至也不能设置duration属性,让其消失的唯一办法是在另一个地方调用wx.hideLoading()。

使用模态框的方式更为常见,代码如下所示。

```
wx.showModal({
  title: '提示',
  content: '这是一个模态框',
  success(res) {
    if (res.confirm) {
      console.log('用户单击确定')
    } else if (res.cancel) {
      console.log('用户单击取消')
    }
  }
})
```

除了原生的方式,如果采用了WePY的方式,则会在then方法中返回一个值,其中包含了confirm等内容,代码如下所示。

```
wepy.showModal({
title: "标题",
content: "内容"
}).then((res)=>{
    if (res.confirm) {
      console.log('用户单击确定')
    }
})
```

模态框的参数如表3-11所示。

表3-11 模态框的参数

属性名称	类型	说明
title	string	提示的标题
content	string	提示的内容
showCancel	boolean	是否显示取消按钮
cancelText	string	取消按钮的文字,最多4个字符
cancelColor	string	取消按钮的文字颜色,必须是16进制格式的颜色字符串
confirmText	string	确认按钮的文字,最多4个字符
confirmColor	string	确认按钮的文字颜色,必须是16进制格式的颜色字符串

3.5.2　导航栏的单独设置

　　小程序原来的版本是不能设置页面导航栏的颜色等内容的，但在最新的小程序中，增加了相关的 API。导航栏的颜色设置，不仅包括对颜色的改变，甚至能在颜色的变化中增加动画效果，代码如下。

```
<style lang="less">
  page {
    background: #eeeeee;
  }
</style>
<template>
  <view>
    这是页面
  </view>
</template>
<script>
  import wepy from 'wepy'
  export default class index extends wepy.page {
    config = {
      navigationBarTitleText: '文章列表'
    }
    onLoad() {
      wepy.setNavigationBarTitle({
        title: '这是更改后的页面标题'
      })
      wepy.setNavigationBarColor({
        frontColor: '#ffffff',
        backgroundColor: '#ff0000',
        animation: {
          duration: 400,
          timingFunc: 'easeIn'
        }
      })
    }
  }
</script>
```

　　上述代码会在打开页面后自动显示红色的标题栏，并且会将标题更新为新的标题，显示效果如图 3-8 所示。

图 3-8　显示效果

wx.setNavigationBarColor(Object object)支持的参数如表 3-12 所示。

表 3-12　wx.setNavigationBarColor(Object object)支持的参数

属性名称	类型	说明
frontColor	string	前景颜色值，包括按钮、标题、状态栏的颜色，仅支持#ffffff和#000000
backgroundColor	string	背景颜色值，有效值为十六进制颜色字符串
animation	Object	动画效果支持设置duration动画变化时间（单位为ms）和timingFunc动画变化方式（'linear'，动画从头到尾的速度是相同的；'easeIn'，动画以低速开始；'easeOut'，动画以低速结束；'easeInOut'，动画以低速开始和结束）

另外，也可以使用 API 设置当前页面的标题，如上述实例所示，代码如下。

```
wx.setNavigationBarTitle({
  title: '当前页面'
})
```

3.5.3　Tab Bar 的设置

小程序原来版本的 Tab Bar 并不支持样式和内容的更新，任何更新都只能在设置时指定样式和名称，并且可以配置的内容非常少，所以不少需求都只能通过自制 Tab Bar 来实现。

但是在 1.9 版本以上的小程序中，微信提供了一些基础性质的 Tab Bar 的更新 API，可以通过这些方法进行更改。

```
wx.setTabBarItem(Object object)
```

该方法可以动态设置 Tab Bar 某一项的内容，这意味着可以从后台获取，并且通过自己服务器提供的 API 更新下方的 Tab Bar 内容和图片。此 API 并不能更新其跳转的页面，也就是说，仍然需要在 app.json 中设置相关的内容。

对某些活动和需求而言，不需要提供新的版本就可以完成更换图片和更换文字的功能，使用代码如下所示。

```
wx.setTabBarItem({
  index: 0,
  text: 'text',
  iconPath: '/path/to/iconPath',
  selectedIconPath: '/path/to/selectedIconPath'
})
```

同样，和单一更新某一项的显示一样，可以使用如下代码动态设置 Tab Bar 的整体样式。

```
wx.setTabBarStyle({
  color: '#FF0000',
  selectedColor: '#00FF00',
  backgroundColor: '#0000FF',
  borderStyle: 'white'
})
```

小程序同样支持 Tab Bar 的隐藏和显示，不再要求 Tab Bar 一定实时显示在页面的最下端，可以通过 wx.hideTabBar(Object object)和 wx.showTabBar(Object object)这两个方法来实现。

有趣的是，小程序的 Tab Bar 为开发者增加了一项非常有趣的小功能，即曾经红极一时的未读小红点功能。wx.showTabBarRedDot(Object object)这个 API 会在某一个 Tab Bar 的一项的右上角显示一个未读的小红点，开发者可以在页面事件中监听用户的进入事件，而通过另一个方法 wx.hideTabBarRedDot(Object object)来消除小红点的显示。

为了配合小红点的使用，小程序提供了为 Tab Bar 某一项的右上角添加文本的功能，使用 wx.setTabBarBadge(Object object)方法可以为 Tab Bar 增加右上角的显示；使用 wx.removeTabBarBadge (Object object)可以移除 Tab Bar 某一项右上角的文本。使用方法如下实例所示。

在 app.wpy 文件中新增一个页面，用于监听用户单击 Tab Bar 进入的页面，以消除小红点，并且在 App 中配置其信息，如下所示。

```
config = {
  pages: [
    'pages/index',
    'pages/dot'
  ],
  window: {
```

```
      backgroundTextStyle: 'light',
      navigationBarBackgroundColor: '#fff',
      navigationBarTitleText: 'WeChat',
      navigationBarTextStyle: 'black'
    },
    tabBar: {
      list: [
        {
          pagePath: "pages/index",
          text: "主页"
        },
        {
          pagePath: "pages/dot",
          text: "消除红点"
        }
      ]
    }
}
```

需要在小程序启动时显示这个小红点和 1 条未读的信息，这里写在了 app.wpy 的 onLaunch() 方法中，其代码如下所示。

```
onLaunch() {
  wx.showTabBarRedDot({index:1})
  wx.setTabBarBadge({
    index: 1,
    text: '1'
  })
}
```

编译后，页面显示效果如图 3-9 所示。

图 3-9　页面显示效果

单击 Tab Bar 中的该项，就会进入 pages/dot 页面，需要在该页面中消除小红点和 1 条未读信息，所以在 onLoad() 方法中使用 API，如下所示。

```
onLoad() {
  // 消除红点和文字
  wx.hideTabBarRedDot({index: 1})
  wx.removeTabBarBadge({index: 1})
}
```

进入该页面则会消除小红点和显示文字，如图 3-10 所示。

图 3-10 消除小红点和显示文字

3.5.4 字体和滚动

一般而言，小程序都会选择直接使用手机自带的字体效果，这也是默认的做法。但是有的项目可能因为美观或者其他要求，需要使用网络字体。之前的小程序并不支持字体文件，但在新版的小程序中可以动态加载网络字体，代码如下所示。所有的代码需要下载使用，过大的中文字体会导致下载出错，建议抽离出部分中文，减少体积，或者用图片代替。

```
wx.loadFontFace({
  family: 'Bitstream Vera Serif Bold',
  source: 'url("https://sungd.github.io/Pacifico.ttf")',
  success: console.log
})
```

注意：Canvas 等原生组件不支持接口增加的字体。

小程序如果是一个长页面，也支持滚动效果，可以将页面滚动到目标位置，代码如下所示。

```
wx.pageScrollTo({
  scrollTop: 0,
  duration: 300
})
```

> **注意**：这个 API 不仅可以用作锚点或者滚屏效果，也可以针对性地解决部分手机系统可以无限下拉的情况。

3.5.5 其他显示 API

动画 API 是小程序中一个重要的 API，但本书并不准备详细介绍，因为对于页面的动画效果，小程序的支持并不是特别好，甚至完成一个动画效果后，不刷新页面就不能重新执行。

所以需要动画时，推荐使用 CSS 3 的动画形式，小程序对此支持得非常好。

3.6 媒体和文件

大量的小程序或多或少都使用了媒体和文件这两个 API，其中包括图片的获取和上传、压缩等操作，文件 API 还包括保存、删除等操作。

3.6.1 图片相关 API

最常见的是 wx.chooseImage(Object object)这个 API，可以允许用户在本地相册或使用相机拍照，和第 2 章介绍的 camera 组件不同的是，该组件的拍照操作并非是出现在小程序端的，照片的参数和镜头远近也和手机镜头有关。其使用代码如下所示。

```
wx.chooseImage({
  count: 1,
  sizeType: ['original', 'compressed'],
  sourceType: ['album', 'camera'],
  success(res) {
    // tempFilePath 可以作为 img 标签的 src 属性显示图片
    const tempFilePaths = res.tempFilePaths
  }
})
```

具体的参数说明如表 3-13 所示。

表 3-13 具体的参数说明

属性名称	类型	说明
count	number	最多可以选择的图片张数，最大为9
sizeType	Array.<string>	['original', 'compressed']压缩或者没有压缩
sourceType	Array.<string>	选择图片的来源['album', 'camera']，以及是否支持相册和相机等

这个接口一般用于上传用户相册中的图片，可以和 uploadFile 联合使用完成上传功能，具体的代码如下所示。

```
wx.uploadFile({
  url: '接口地址，需要支持文件的上传',
  header: {
    'Token': wepy.getStorageSync('token')
  },
  filePath: "图片地址，通过 chooseImage 获得"
  name: 'image',
  formData: {
    name: that.username,
    code: that.staff
  },
  success(res) {
    console.log(res)
    // 这里返回的是一个字符串而不是一个对象
    let data = JSON.parse(res.data)
    wx.hideLoading()
    if (data.code === 0) {
      wepy.showModal({
        title: '提示',
        content: data.message
      })
    } else {
      wepy.showModal({
        title: '提示',
        content: data.message
      })
    }
  },
  fail() {
    wx.hideLoading()
    wepy.showModal({
      title: '提示',
      content: '请您上传新的图片哦~'
    })
  }
})
```

选择相应的图片，使用 wx.getImageInfo(Object object)来获得图片的信息，包括宽度、高度、图片的本地路径等，该 API 常用于需要绘制 Canvas 的场景，需要将图片进行缩放和旋转等，其代码如下所示。

```
wx.chooseImage({
  success(res) {
    wx.getImageInfo({
      src: res.tempFilePaths[0],
      success(res) {
        console.log(res.width)
        console.log(res.height)
      }
    })
  }
})
```

另一个常用的方法是 wx.saveImageToPhotosAlbum(Object object)，用于保存图片到系统相册。比如用户在 Canvas 中处理相应的图片或者表情包的下载等，都需要这个 API 的配合。

```
wx.saveImageToPhotosAlbum({
  success(res) { }
})
```

注意：这个方法需要用户的授权。

3.6.2 视频相关 API

视频 API 中一个最常用的方法依旧是选择拍摄视频或从手机相册中选视频。这需要使用 wx.chooseVideo(Object object)，其参数如表 3-14 所示。

表 3-14　wx.chooseVideo(Object object)的参数

属　　性	类　　型	说　　明
sourceType	Array.<string>	选择视频的来源
compressed	boolean	是否压缩所选择的视频文件，默认为压缩
maxDuration	number	拍摄视频的最长拍摄时间，单位为秒
camera	string	默认拉起的是前置还是后置摄像头。部分Android手机由于系统ROM不支持，无法生效

基础的使用代码如下所示。

```
wx.chooseVideo({
  sourceType: ['album', 'camera'],
  maxDuration: 60,
```

```
  camera: 'back',
  success(res) {
    console.log(res.tempFilePath)
  }
})
```

可以在返回的 res 中获得用户上传视频的临时地址、高度、宽度、时长等信息。当然微信也提供了将视频保存在用户系统相册的方法 wx.saveVideoToPhotosAlbum(Object object)，该 API 同样需要用户的授权，其使用代码如下所示。

```
wx.saveVideoToPhotosAlbum({
  filePath: 'wxfile://xxx',
  success(res) {
    console.log(res.errMsg)
  }
})
```

3.6.3 录音相关 API

小程序如果想使用录音功能，非常简单，只需通过 wx.getRecorderManager()获得全局唯一的录音管理器 RecorderManager 对象即可。

RecorderManager 对象包含的方法如表 3-15 所示。

表 3-15 RecorderManager对象包含的方法

方法名称	说明
RecorderManager.start(Object object)	开始录音
RecorderManager.pause()	暂停录音
RecorderManager.resume()	继续录音
RecorderManager.stop()	停止录音
RecorderManager.onStart(function callback)	监听录音开始事件
RecorderManager.onResume(function callback)	监听录音继续事件
RecorderManager.onPause(function callback)	监听录音暂停事件
RecorderManager.onStop(function callback)	监听录音结束事件
RecorderManager.onFrameRecorded(function callback)	监听已录制完指定帧大小的文件事件。如果设置了frameSize，则会回调此事件
RecorderManager.onError(function callback)	监听录音错误事件
RecorderManager.onInterruptionBegin(function callback)	监听录音因为受到系统占用而被中断的开始事件。以下场景会触发此事件：微信语音聊天、微信视频聊天。此事件触发后，录音会被暂停。pause 事件在此事件后触发

续表

方 法 名 称	说　明
RecorderManager.onInterruptionEnd(function callback)	监听录音中断的结束事件。在收到 interruptionBegin 事件之后，小程序内所有录音会暂停，收到此事件之后才可再次录音成功

基本的使用代码如下所示。

```
const recorderManager = wx.getRecorderManager()

recorderManager.onStart(() => {
  console.log('recorder start')
})
recorderManager.onPause(() => {
  console.log('recorder pause')
})
recorderManager.onStop((res) => {
  console.log('recorder stop', res)
  const {tempFilePath} = res
})
recorderManager.onFrameRecorded((res) => {
  const {frameBuffer} = res
  console.log('frameBuffer.byteLength', frameBuffer.byteLength)
})

const options = {
  duration: 10000,
  sampleRate: 44100,
  numberOfChannels: 1,
  encodeBitRate: 192000,
  format: 'aac',
  frameSize: 50
}

recorderManager.start(options)
```

3.6.4　文件相关 API

小程序中文件相关的 API 和图像视频等 API 有类似的地方，但是更加通用。通过文件 API 可以对微信小程序的本地文件进行相应的管理、下载、查看、保存等操作。

一般而言，常见的是线上文档的下载和查看，这在小程序中只需要调用 API 下载文档后，使用 wx.openDocument(Object object)查看下载的文档。该方法的参数除了必要的路径，还应当传入 fileType 来说明该文件类型，而 fileType 的合法值包括 doc、docx、xls、xlsx、ppt、pptx、pdf。

基本使用代码如下所示。

```
wx.downloadFile({
  // 示例 URL，并非真实存在
  url: 'http://example.com/somefile.pdf',
  success(res) {
    const filePath = res.tempFilePath
    wx.openDocument({
      filePath,
      success(res) {
        console.log('打开文档成功')
      }
    })
  }
})
```

同样，查看完的文档可以保存，使用 wx.saveFile(Object object)即可，基本使用代码如下所示。

```
wx.saveFile({
    tempFilePath: tempFilePaths[0],
    success(res) {
      const savedFilePath = res.savedFilePath
    }
})
```

为了方便下一次的查看，微信小程序提供了获取该小程序下已保存的本地缓存文件列表的方法 wx.getSavedFileList(Object object)。它会返回一个文件的列表，其中包括了文件的本地路径、本地文件大小（字节）、文件保存的时间戳等。如果已知保存路径，也可以使用 wx.getSavedFileInfo(Object object)这个 API 获取单一文件的信息。

除了这些直接提供的方法，微信为了方便开发文件管理性质的小程序，还提供了 FileSystemManager wx.getFileSystemManager()。使用该方法会返回一个全局唯一的文件管理器，这个文件管理器支持的方法如表 3-16 所示。

表 3-16 文件管理器支持的方法

支持方法名称	说　明
FileSystemManager.access(Object object)	判断文件/目录是否存在
FileSystemManager.appendFile(Object object)	在文件结尾追加内容
FileSystemManager.saveFile(Object object)	保存临时文件到本地。此接口会移动临时文件，因此调用成功后，tempFilePath将不可用
FileSystemManager.getSavedFileList(Object object)	获取该小程序下已保存的本地缓存文件列表
FileSystemManager.removeSavedFile(Object object)	删除该小程序下已保存的本地缓存文件
FileSystemManager.copyFile(Object object)	复制文件
FileSystemManager.getFileInfo(Object object)	获取该小程序下的本地临时文件或本地缓存文件信息
FileSystemManager.mkdir(Object object)	创建目录
FileSystemManager.readFile(Object object)	读取本地文件内容
FileSystemManager.readdir(Object object)	读取目录内文件列表
FileSystemManager.rename(Object object)	重命名文件。可以把文件从oldPath移动到newPath
FileSystemManager.rmdir(Object object)	删除目录
FileSystemManager.stat(Object object)	获取文件Stats对象
FileSystemManager.unlink(Object object)	删除文件
FileSystemManager.unzip(Object object)	解压文件
FileSystemManager.writeFile(Object object)	写文件

3.7　其他开放接口

本节涉及的大多数接口都是非基本功能性的接口，但是这些接口在几乎所有的小程序中都起着非常重要的作用，除此之外，本节介绍的 API 中大量的代码逻辑或者应用不仅是局限于小程序本身的，而且必须结合才能使用。

3.7.1　客服 API

微信小程序提供了非常简单的客服功能，对于开发者而言，可以在二者中选择其一作为客服消息的接收方。

首先使用<button></button>组件，并且将其 open-type 属性改为 contact，这样，用户单击时会直接进入客服会话，而该会话页面和微信聊天一致。其实这个功能的本质是一个微信内置的 IM 多客服功能，通过微信端的服务器统一接收信息，并且在后端设置多客服功能，由客服选择性接单。

开发者可以通过微信公众平台登录相关的小程序后，在菜单中找到"客服"选项进行配置，如图 3-11 所示。

图 3-11 客服配置菜单

在该页面配置客服的相关微信号,这样才可以在微信提供的客服功能中对话,如图 3-12 所示。

图 3-12 绑定客服人员

在 https://mpkf.weixin.qq.com/ 中使用绑定的微信号进行扫码操作,即可登录客服端微信和客户聊天,界面类似于微信网页版本,如图 3-13 所示。

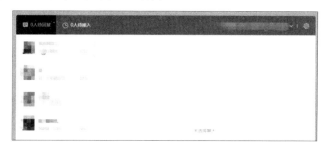

图 3-13 客服界面

如果用户所在的公司已经有相对成熟的 IM 系统,使用微信提供的多客服功能并不是非常方便,这样无疑会导致客服人员工作混乱，无法计算完成量和评价等情况。为了避免这种情况，微信也提供了客服消息的转发接口。

该接口需要在小程序后台配置，如图 3-14 所示，在"开发设置"选项中。

图 3-14 设置消息服务器

这样，通过后台服务器的配置即可获得用户输入的数据内容，读者可以在下一章中查看后台的实例程序。

3.7.2 转发 API

小程序中可以控制用户的转发事件，包括按钮是否显示等。当需要显示分享按钮时，可以使用如下代码。

```
wx.showShareMenu({
  withShareTicket: true
})
```

隐藏转发按钮，可以使用如下代码。

```
wx.hideShareMenu()
```

另外一个重要的内容，则是获得用户转发的详细信息，可以使用 wx.getShareInfo(Object object)。通过传递一个 shareTicket，即该转发一定需要携带 shareTicket，获得用户转发的详细消息，代码如下所示。

```
wx.getShareInfo({
    shareTicket: '分享标识',
    success:(res)=>{
        // 包含了 encryptedData 和解密的 iv,需要在服务端接收该内容,并且通过加密和解密的方式获取内容
    }
})
```

3.7.3 收货地址

获取用户收货地址需要调出用户编辑收货地址的原生界面,并在编辑完成后返回用户选择的地址,如下代码所示。

```
wx.chooseAddress({
  success(res) {
    console.log(res.userName)
    console.log(res.postalCode)
    console.log(res.provinceName)
    console.log(res.cityName)
    console.log(res.countyName)
    console.log(res.detailInfo)
    console.log(res.nationalCode)
    console.log(res.telNumber)
  }
})
```

默认会弹出要求用户授权的信息,如果用户同意授权,则进入微信自带的收货地址信息页面,如图3-15所示。

图3-15 收货地址

当用户填写或者选择地址后,系统会自动返回上级页面,此时我们也会拿到用户选择的地址信息,同时会在控制台打印出相关的信息,如图3-16所示。

图 3-16　收货地址信息

3.8　小结和练习

3.8.1　小结

本章介绍了大量 API 的使用方法和实例，除了常用的几种 API，更多的是介绍使用 API 的思路。对于一个完整的小程序而言，使用单一的 API 并不能完成一个复杂的事务，多种 API 的联合使用才能实现需要的功能。

本章也没有局限在介绍简单 API 的功能上，也没有对所有的 API 进行单独介绍，有的 API 在第 2 章和组件一起介绍，有的 API 在第 4 章和服务器端的 API 一起介绍，我们力求让读者能够使用到这些 API，并且给出相应的实例。

3.8.2　练习

通过学习本章 API 的相关知识，希望读者做到：

- 分析一个假设项目的需求，看看是否可以分解成简单的步骤。
- 分析所有的需求在开发过程中需要使用哪些 API。

第 4 章
微信小程序的服务器端

开发一个小程序，后台功能是必须要添加的，甚至部分 API 离开了后台无法在小程序中使用，比如二维码获取 API，它对于微信小程序的裂变而言是必须有的功能，而运动数据的获取，在步数兑换奖品类型的小程序中，也是最重要的功能。

本章涉及的知识点如下：

- 后台 API 编写入门。
- MySQL 的基础使用。
- 常用功能的 API 使用等。

4.1 后台 API 编写入门

本节将会带领读者编写简单的后台 API，对于仅编写前端程序的开发者而言，是无须学习后端逻辑和数据库的，但微信小程序本身是比较依赖于后端的，仅学会开发小程序的界面实在是一个非常简单的过程,因为所有的 API 和元素组件在官方文档中都有详细的介绍。本书并不想让读者局限于小程序本身的开发,而是希望读者可以深入了解所有的业务逻辑应当如何处理,数据结构应当如何构建,所以了解并且学习后台(服务端)的 API 是非常重要的一部分。

4.1.1 后台技术的选择

服务器端的技术一般有 3 种:

- PHP:使用范围最广且使用网站最多的技术,一般常用于 LNMP/LAMP (Linux+Nginx/Apache+MySQL),资源丰富,开发迅速,而且在小型的网站或者服务中性能也有优势,缺点是 PHP 因为本身简单会导致缺乏设计模式,以及系统资源的部分浪费。
- Java:Java 作为服务器端的开发语言,跨平台且框架非常成熟,有稳定的性能及优秀的设计模式,但是开发难度高,学习过程长。
- .Net:微软平台的 Web 端开发,已经基本不使用了。

除了传统 Web 开发技术,其实在现代的应用环境中,出现了更多好用的服务器端开发技术,比如 Python Web、Node.js 等。技术本身是不能区分优劣的,每种技术也存在着自身的缺陷和优势,语言本身绝对不是一个业务逻辑程序员应当关注的,业务逻辑思想才是所有语言中通用的部分。

本书采用 PHP 作为开发语言,使用 PHP 中的流行框架 Laravel 作为开发框架,后端的数据库统一采用 MySQL,因为相对于其他语言,PHP 较低的学习门槛和简单易用的开发环境是本书所追求的。

注意:本书中部分章节也会对其他技术进行简单的介绍和使用,如果读者感兴趣,可以通过查阅资料自行学习。

4.1.2 后台技术环境搭建

PHP 开发环境的搭建在所有开发语言中可以说非常简单,网络中有大量一键安装的应用程序。虽然大多数一键安装应用程序是无法直接用于生产环境的,但是对于本书开发环境的需求来说,绰绰有余。

这里推荐 phpStudy 或者 Xampp 作为 PHP 开发的集成环境,其中 phpStudy 的界面如图 4-1 所示。

图 4-1　phpStudy 的界面

在官网上下载 phpStudy 软件安装包，安装时直接进入下一步，即可完整安装 PHP+MySQL+Apache+Nginx，不过对于本书而言，用户只需要 PHP 和 MySQL 环境即可。

注意：如果有能力，可以尝试自己下载安装 PHP、Nginx 等软件，这样在安装的过程中可以学习如何配置相关的配置项，这对于将来在服务器（Linux）上搭建生产环境有重要的意义。

安装完成后，需要手动切换至最新的 PHP 7.2 以上+Nginx 的版本配置，如果切换时提示缺乏 VC++库，请在微软官方下载相应.NET 库。切换成功后，打开 phpStudy 自带的 PHPInfo 页面，如图 4-2 所示。

安装 PHP 环境的第二步，需要安装 Composer 包管理工具。Composer 是 PHP 用来管理依赖（dependency）关系的工具。我们可以在自己的项目中声明所依赖的外部工具库（libraries），Composer 会帮我们安装这些依赖的库文件。其实，它就相当于之前讲解的 Node.js 中的 npm 工具。

Composer 有两种安装方法，一种是通用安装，使用 CMD（命令行工具），命令如下：

```
php -r "copy('https://getcomposer.org/installer', 'composer-setup.php');"
php -r "if (hash_file('SHA384', 'composer-setup.php') === '93b54496392c062774670ac18b134c3b3a95e5a5e5c8f1a9f115f203b75bf9a129d5daa8ba6a13e2cc8a1da0806388a8') { echo 'Installer verified'; } else { echo 'Installer corrupt'; unlink('composer-setup.php'); } echo PHP_EOL;"
php composer-setup.php
php -r "unlink('composer-setup.php');"
```

另一种仅针对 Windows 环境，通过可执行安装文件 Composer-Setup.exe 完成安装，下载网址为 https://getcomposer.org/download/。

PHP Version 7.2.1

System	Windows NT ZT-2013980 6.1 build 7601 (Windows 7 Enterprise Edition Service Pack 1) i586
Build Date	Jan 4 2018 03:59:32
Compiler	MSVC15 (Visual C++ 2017)
Architecture	x86
Configure Command	cscript /nologo configure.js "--enable-snapshot-build" "--enable-debug-pack" "--disable-zts" "--with-pdo-oci=c:\php-snap-build\deps_aux\oracle\x86\instantclient_12_1\sdk,shared" "--with-oci8-12c=c:\php-snap-build\deps_aux\oracle\x86\instantclient_12_1\sdk,shared" "--enable-object-out-dir=../obj/" "--enable-com-dotnet=shared" "--without-analyzer" "--with-pgo"
Server API	CGI/FastCGI
Virtual Directory Support	disabled
Configuration File (php.ini) Path	C:\windows
Loaded Configuration File	D:\phpStyle\PHPTutorial\php\php-7.2.1-nts\php.ini
Scan this dir for additional .ini files	(none)
Additional .ini files parsed	(none)
PHP API	20170718
PHP Extension	20170718
Zend Extension	320170718
Zend Extension Build	API320170718,NTS,VC15
PHP Extension Build	API20170718,NTS,VC15
Debug Build	no
Thread Safety	disabled
Zend Signal Handling	disabled
Zend Memory Manager	enabled
Zend Multibyte Support	provided by mbstring
IPv6 Support	enabled
DTrace Support	disabled

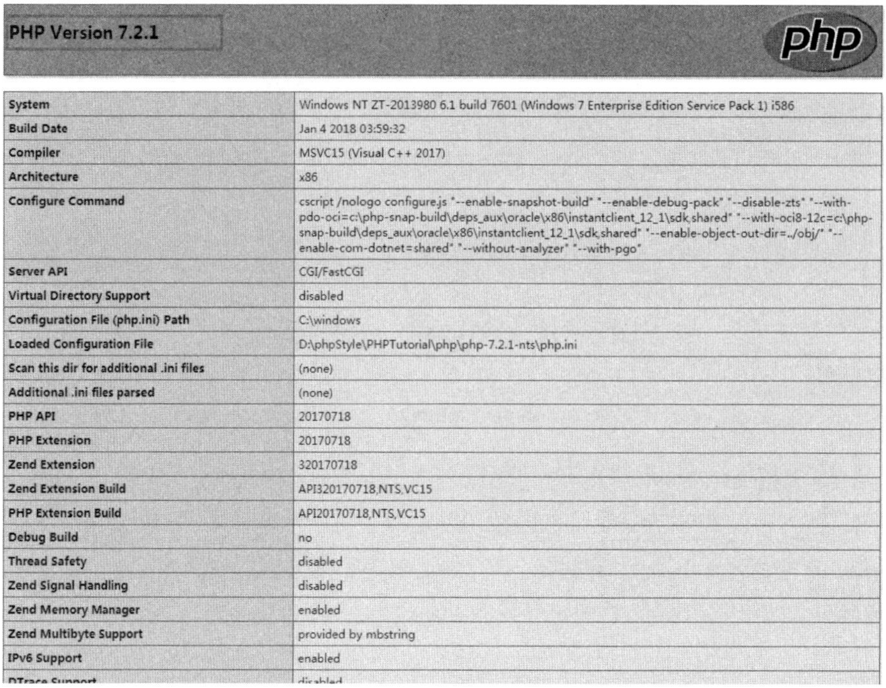

图 4-2 PHPinfo 界面

如何查看是否已经安装成功呢？和 npm 一样，只需要使用 Win+R 键，在命令行工具中输入以下命令查询 Composer 的版本，如图 4-3 所示即为安装成功。

```
composer -V
```

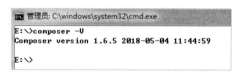

图 4-3 查询 Composer 版本

同样，使用 Laravel 进行开发时，必须将 PHP 文件目录放在系统变量中，即在命令行中可以使用 php-v 命令查看 PHP 的版本，其显示效果如图 4-4 所示。

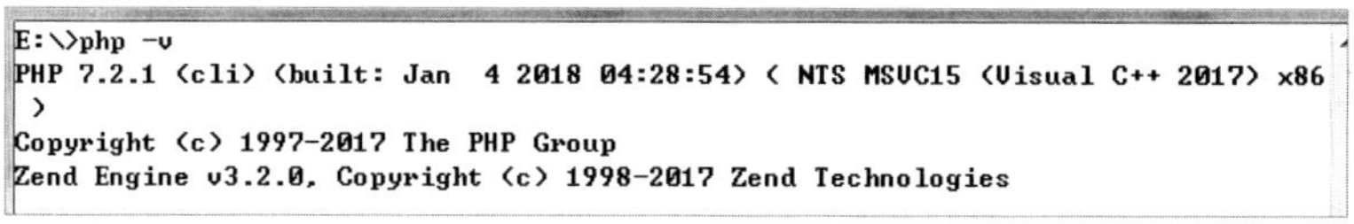

图 4-4 PHP 版本

注意：phpStudy 或者其他的整合包中存在多个 PHP 版本，一定要将正确的版本设置在系统变量中。

4.1.3 直接上手的框架

本书的开发环境选择了 PHP，但本书并非一本专注于后端技术的 PHP 技术书，本书只是希望读者能够快速开发出属于自己的小程序，并没有 PHP 原生语法内容，也没有详细的代码解析。

本书尽可能地抛弃设计模式，增加一些必要的冗余，让读者能够快速理解这些后端代码所提供的功能，所以一个设计合理、提供基础功能的开发框架是非常必要的，也正因为如此，本书选择了 Laravel 作为开发框架，如图 4-5 所示。

图 4-5 Laravel

Laravel 是一个优秀的框架，本身的所有写法简洁、优雅。和传统的 PHP 框架不同的是，Laravel 框架是一个年轻的框架，其逻辑和其他语言的框架基本一致，即使读者准备使用其他语言或者其他框架，以下内容也可以参考。

Laravel 可以让你从面条一样杂乱的代码中解脱出来，帮你构建一个完美的网络应用，而且每行代码都可以简洁、富于表达力。

在 Laravel 中已经具有了一套高级的 PHP ActiveRecord 实现 Eloquent ORM。它能方便地将"约束（constraints）"应用到关系的双方，这样你具有了对数据的完全控制，而且享受到 ActiveRecord 的所有便利。Eloquent 支持 Fluent 中查询构造器（query-builder）的所有方法。

4.1.4 搭建一个简单的框架服务器

对于一个 Laravel 项目，首先需要安装 PHP 环境及 Composer，并且确定两者在命令行中可用。

最新的 Laravel 版本为 5.7，Laravel 框架对 PHP 版本和扩展有一定要求，具体的 PHP 版本及扩展要求如下所示。

- PHP 版本高于 7.1.3
- PHP OpenSSL 扩展
- PHP PDO 扩展
- PHP Mbstring 扩展
- PHP Tokenizer 扩展
- PHP XML 扩展
- PHP Ctype 扩展
- PHP JSON 扩展

如果之前已经完成了 PHP 高版本的安装，只需要保证其 PHP 扩展在 php.ini 配置中处于打开状态（可以在安装时按需配置）。

如果之前已经完成了 Composer 的安装，安装 Laravel 非常简单，使用以下命令即可安装最新版本的 Laravel。

```
composer global require "laravel/installer"
```

安装完成后，通过简单的 laravel new 命令即可在当前目录下创建一个 Laravel 应用，例如，laravel new blog 将会创建一个名为 blog 的新应用，且创建工程中包含所有 Laravel 依赖。

注意：如果调用 laravel 命令时显示"不是内部或外部命令，也不是可运行的程序或批处理文件"，需要确保 $HOME/.composer/vendor/bin 在系统路径中（Mac 中对应路径是 ~/.composer/vendor/bin，Windows 中对应路径是 ~/AppData/Roaming/Composer/vendor/bin，其中 ~ 表示当前用户家目录），否则不能在命令行任意路径下调用 laravel 命令。

这里在一个工程文件夹中创建 Laravel 项目，此项目会用来写之后大部分小程序的接口代码，命名为 server。

在项目文件夹中输入以下命令：

```
laravel new server
```

系统开始自动生成该项目，如图 4-6 所示。

接下来，需要启动该项目，因为只是测试，这里就不再讲解 Nginx 或者 Apache 的配置，直接使用 Laravel 自带的测试服务器。

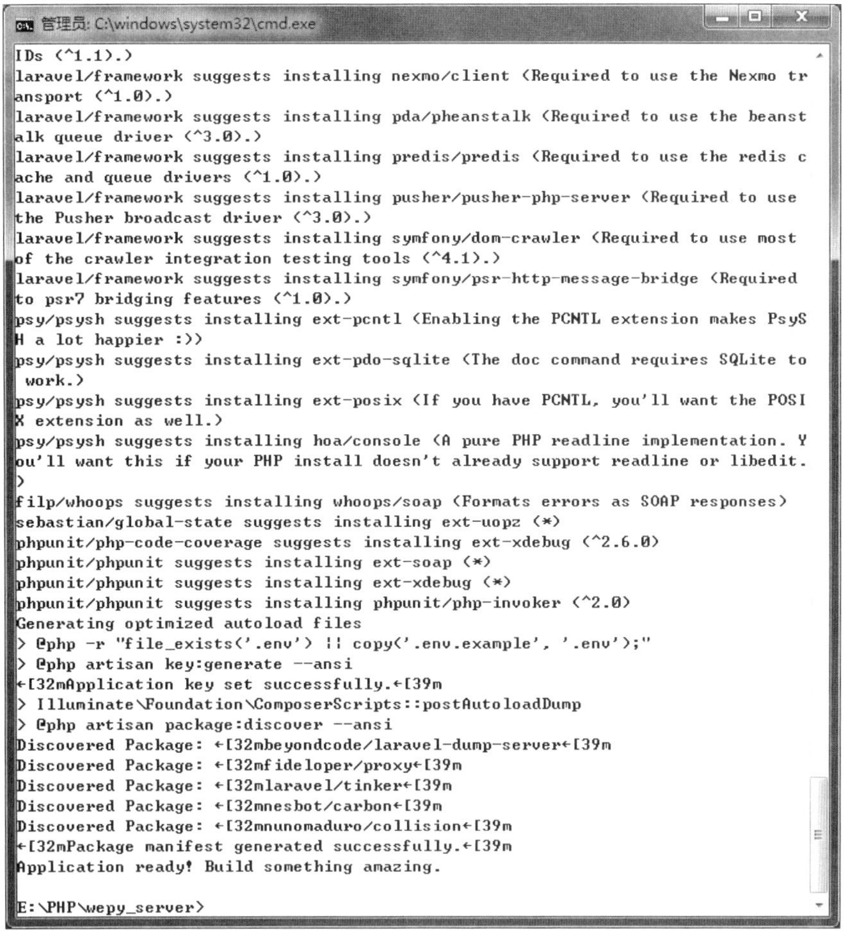

```
IDs (^1.1).)
laravel/framework suggests installing nexmo/client (Required to use the Nexmo tr
ansport (^1.0).)
laravel/framework suggests installing pda/pheanstalk (Required to use the beanst
alk queue driver (^3.0).)
laravel/framework suggests installing predis/predis (Required to use the redis c
ache and queue drivers (^1.0).)
laravel/framework suggests installing pusher/pusher-php-server (Required to use
the Pusher broadcast driver (^3.0).)
laravel/framework suggests installing symfony/dom-crawler (Required to use most
of the crawler integration testing tools (^4.1).)
laravel/framework suggests installing symfony/psr-http-message-bridge (Required
to psr7 bridging features (^1.0).)
psy/psysh suggests installing ext-pcntl (Enabling the PCNTL extension makes PsyS
H a lot happier :))
psy/psysh suggests installing ext-pdo-sqlite (The doc command requires SQLite to
 work.)
psy/psysh suggests installing ext-posix (If you have PCNTL, you'll want the POSI
X extension as well.)
psy/psysh suggests installing hoa/console (A pure PHP readline implementation. Y
ou'll want this if your PHP install doesn't already support readline or libedit.
)
filp/whoops suggests installing whoops/soap (Formats errors as SOAP responses)
sebastian/global-state suggests installing ext-uopz (*)
phpunit/php-code-coverage suggests installing ext-xdebug (^2.6.0)
phpunit/phpunit suggests installing ext-soap (*)
phpunit/phpunit suggests installing ext-xdebug (*)
phpunit/phpunit suggests installing phpunit/php-invoker (^2.0)
Generating optimized autoload files
> @php -r "file_exists('.env') || copy('.env.example', '.env');"
> @php artisan key:generate --ansi
←[32mApplication key set successfully.←[39m
> Illuminate\Foundation\ComposerScripts::postAutoloadDump
> @php artisan package:discover --ansi
Discovered Package: ←[32mbeyondcode/laravel-dump-server←[39m
Discovered Package: ←[32mfideloper/proxy←[39m
Discovered Package: ←[32mlaravel/tinker←[39m
Discovered Package: ←[32mnesbot/carbon←[39m
Discovered Package: ←[32mnunomaduro/collision←[39m
←[32mPackage manifest generated successfully.←[39m
Application ready! Build something amazing.

E:\PHP\wepy_server>
```

图 4-6　新建 Laravel 项目

使用 cd server 命令进入项目文件夹，输入以下命令，即可成功启动该项目，如图 4-7 所示。

```
php artisan serve
```

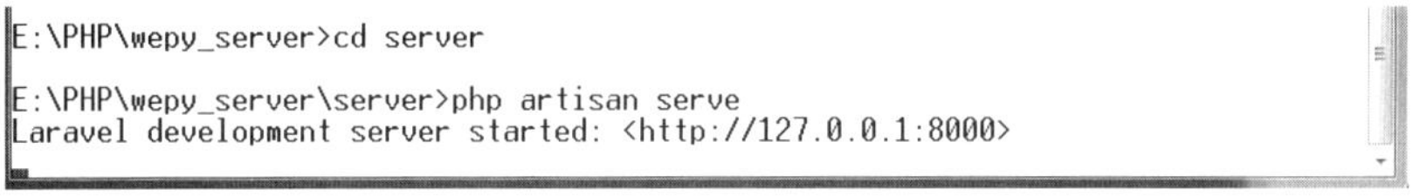

```
E:\PHP\wepy_server>cd server

E:\PHP\wepy_server\server>php artisan serve
Laravel development server started: <http://127.0.0.1:8000>
```

图 4-7　启动测试服务器

该测试服务器即监听本地计算机的 8000 端口，可以在打开的网页浏览器中输入地址 127.0.0.1:8000，查看页面显示效果，如图 4-8 所示。

图 4-8　Laravel 启动成功

4.1.5　MySQL 的使用

对于一个系统而言，数据无疑是最重要的，所以数据库知识尤为重要，但是本书并非一本专门讲解数据库的书，所以本书所有的数据库均使用 GUI 管理工具直接创建。

读者也无须在意 MySQL 的使用细节，直接根据本书给予的数据名称和数据格式即可创建出可用的表格。

这里推荐使用 Navicat 或者 phpMyAdmin 管理数据库，使用这样的数据库管理工具操作数据库非常简单，可以完全可视化操作，如图 4-9 所示。

图 4-9　数据库管理页面

在 phpStudy 中 MySQL 启动的状态下，需要创建一个连接才可以连接到该数据库，单击左上角的"连接"按钮，然后选择 MySQL。

在弹出的对话框中输入数据库的主机、端口、用户名和密码，在 phpStudy 中一般默认用户名为 root，密码为 root，单击"测试连接"按钮，如果连接成功会弹出连接成功的提示，如图 4-10 所示。

图 4-10　数据库配置

单击"确定"按钮，即成功地连接到了本地数据库，之后可以新建数据表或进行数据的增、删、改、查操作。

4.1.6　对于后端技术的说明

本书作为一本实践类的书籍，通过较短的篇幅介绍前、后端全部代码的编写、部署是不现实的，并且相对前端知识的驳杂，后端知识需要积累和逻辑性，没有基础的读者难以理解，甚至会影响小程序开发的学习。

所以本书对后端的开发只起到入门的作用，在其他的章节中只会简单地提供后端的基本代码，而不再依次按步骤进行后端开发的讲解。如果读者无法理解后端部分也无妨，本书会提供一些简单的已经搭建好的测试 API，会在每一个实例中做相应的介绍。

注意：本书的实例提供的 API 是搭建在公网服务器上的，如果服务不稳定或者有部分延迟情况，请大家谅解。

4.1.7　路由创建

后端的 HTTP 服务器如果需要和小程序交互，服务器端需要提供一些 URL 地址作为访问服务的接口，也就是这里所说的路由地址。

考虑到本节只是介绍服务器端的基本知识和一些用于查阅的 API 内容，并不是真正意义上的实际项目，关于路由的创建，读者可以到第 5 章阅读，从简单的项目开始做起。

4.2 用户系统的搭建

用户系统是小程序的一个重要内容。每一个用户通过微信进入小程序时，并不需要通过用户名和密码进行注册和识别，只需要使用微信提供给小程序的 openId 即可获得该用户的信息。

诚然，这样的用户系统对于有些应用环境是不适用的，但是对于一个并不需要那么复杂的功能、只需单一微信绑定的用户而言，使用这个 openId 作为用户的唯一身份识别也是没有问题的。在其他的众多需求中仍然需要使用 openId 作为用户的微信身份识别。

4.2.1 用户系统的逻辑

小程序可以通过微信官方提供的登录功能方便地获取微信提供的用户身份标识，快速创建小程序内的用户体系。对于需要实现的用户系统，首先要确定的是小程序本身提供了怎样的用户 openId 的获取方式，具体的登录流程时序图如图 4-11 所示。

如图 4-11 所示，使用微信小程序的 wx.login()获得用户的 code，将此 code 传入后台服务器，通过服务器的请求可以获得唯一的 openId，并且由服务器返回一个用户凭证给用户端，用户会在所有的请求中携带这个凭证，用于识别该用户的请求并返回相关的数据。

注意：一个微信账号在一个小程序中的 openId 是唯一的，但是不同的账号或者同一个账号在不同的小程序中的 openId 也是不一样的。

code2Session 作为登录凭证校验。通过 wx.login()接口获得临时登录凭证 code 后传到开发者服务器，完成登录流程。请求地址为 https://api.weixin.qq.com/sns/jscode2session?appid=APPID&secret=SECRET&js_code=JSCODE&grant_type=authorization_code，返回值如表 4-1 所示。

第4章 微信小程序的服务器端

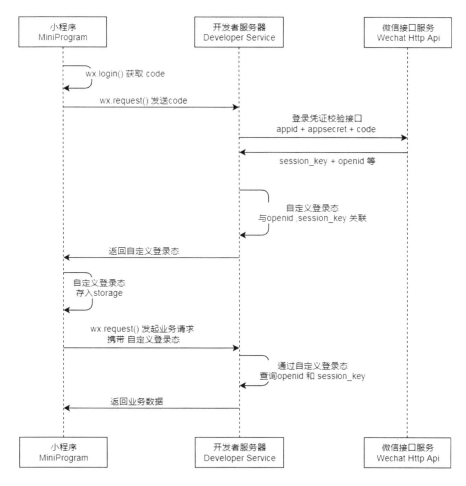

图 4-11 具体的登录流程时序图

表 4-1 获取用户资料的微信返回值

属　　性	类　　型	说　　　　明
openid	string	用户唯一标识
session_key	string	会话密钥
unionid	string	用户在开放平台的唯一标识符，在满足UnionID下发条件时会返回
errcode	number	错误码
errmsg	string	错误信息

如果需要使用用户的 session_key 来解析相关数据，需要在用户端检测是否存在 session 过期的情况，使用 wx.checkSession(Object object)这个 API，通过 wx.login()接口获得的用户登录态拥有一

• 123 •

定的时效性。用户越久未使用小程序，用户登录态越有可能失效。反之，如果用户一直在使用小程序，则用户登录态一直保持有效。具体时效逻辑由微信维护，对开发者透明。开发者只需要调用 wx.checkSession(Object object)接口检测当前用户登录态是否有效。登录态过期后开发者可以再调用 wx.login()获取新的用户登录态。调用成功说明当前 session_key 未过期，调用失败说明 session_key 已过期。

当然，如果只是识别用户的身份而不需要微信服务器端的登录态，完全可以让返回的自定义登录态长期不过期。

4.2.2 用户系统的实现编码

一般而言，对于用户登录这个环节，可以简单地卸载 app.wpy 或者封装一个常用的 JS 文件，使用混合的方式放在 mixins 文件夹中，这里使用了封装的形式。

mixin 可以将组件之间的可复用部分抽离，可以将混合的数据、事件及方法注入组件。

创建一个 WePY 项目后，在 src 文件夹中新建一个 JavaScript 文件 wxCommon.js，并且引入并继承 wepy.mixin，代码如下所示。

```
import wepy from 'wepy'

export default class wxCommon extends wepy.mixin {
}
```

我们将在这个文件中存放经常使用的方法，首先添加所有与服务器的交互基础，也就是请求方法的封装，可以参照上一章的网络请求 API，这里封装了请求的头部信息，也就是之前获得并保存在缓存的 token 信息和 cookie 信息，其代码如下所示。如果不存在之前保存的 token 和 cookie 信息，也不会影响其功能。

```
  data = {
url: 'http://localhost:3380',
app:'约定的 App 名称用来识别用户来源'
  }
// 用户特有的请求头部 token
  userRequest(url, method, data, cb) {
    const that = this
    wepy.request({
      url: that.url + url,
      method: method,
      data: data,
```

```
    header: {
      'Token': wepy.getStorageSync('token'),
      'Cookie': wepy.getStorageSync('cookie')
    }
  }).then((res) => {
    if (res.header['Set-Cookie'] != null) {
      wepy.setStorageSync('cookie', res.header['Set-Cookie'])
    }
    cb(res)
  })
}
```

然后是用户的登录方法，这里需要两个方法，一个是正常用户（不是第一次）的登录验证方法，另一个是第一次登录或者登录信息过期重新获取用户 code 的方法。可以先使用一个验证是否登录过期的方法，通过请求服务器获得用户是否登录过的信息，因为在上面的请求中已经包含了应当保存的 token 值，所以不需要携带任何的内容请求服务器即可，如下代码所示。

```
// 用户统一登录
userLogin(cb) {
  const that = this
  that.userRequest('/wxUser/api/checkToken', 'get', {}, function (res) {
    if (res.data.code === 0) {
      // 验证成功
      cb()
    } else {
      // 验证失败
      that.reLogin(cb)
    }
  })
}
```

如果服务器返回的是验证失败，则会调用用户进行第一次登录或者用户状态过期时的重新登录方法，如下代码所示。

```
// 用户检测失败后重新执行 login
reLogin(cb) {
  const that = this
  wepy.login().then((res) => {
    if (res.code) {
      that.userRequest('/wxUser/api/getToken', 'post', {code: res.code, app: that.app}, function (res) {
        if (res.data.code === 0) {
```

```
                wepy.setStorageSync('token', res.data.data.token)
                cb()
            } else {
                wepy.showModal({title: res.data.message.toString()})
            }
        })
    }
})
```

这样一个完整的登录流程就编写完成了,当然仅仅拥有小程序端的支持并不是完整的,需要拥有后台的支持。

依旧在之前完成的 Laravel 工程上编写,这里的后台需要返回一个用户的标识。其实,考虑到 openId 的唯一性,返回 openId 也可以实现这个功能,但是不应该在服务器和客户端传递用户 openId 这样敏感的内容。

在作者的服务器代码中,有关用户登录的内容也只有相关的 API,其中一个用于检测用户端的 token 是否过期,另一个用于获得用户 openId 且获得 token,命名即为上述小程序代码中请求的地址。

首先编写 Laravel 的路由文件,在 providers 文件夹中的 RouteServiceProvider.php 文件中,新增一个路由文件的路径,指定其中间件使用 API,在 mapApiRoutes 方法中添加相关的代码,如下所示。

```
protected function mapApiRoutes()
{
    Route::prefix('api')
        ->middleware('api')
        ->namespace($this->namespace)
        ->group(base_path('routes/api.php'));

    // 通用用户注册和来源
    Route::prefix('wxUser/api')
        ->middleware('api')
        ->namespace($this->namespace)
        ->group(base_path('routes/wxUser.php'));
}
```

接下来,在 router 文件夹下新建 wxUser.php 文件,用来编写用户登录状态的 API 地址定义,代码如下所示。

```php
<?php
Route::group(['namespace' => 'User\Api'], function () {
    // 用于检测用户端的 token 是否过期
    Route::get('/checkToken', 'UserController@checkToken');
    // 获得用户 openId 且获得 token
    Route::post('/getToken', 'UserController@getToken');
});
```

上述代码代表了该路径的请求会采用 UserController 这个控制器的 checkToken 方法操作并且返回内容。

对于服务器发起的 CURL 请求，这里提供了两种请求方式，一种是 POST，命名为 apiPost($url, $args)；另一种是 apiGet($url, $header=[])。这两个方法代表 GET 请求和 POST 请求，请读者自行编写或者选择第三方插件。

注意： 对于这里 PHP 代码使用的 CURL 请求其实使用了第三方的 GuzzleHttp 提供的 Get 请求和 POST 请求，需要安装相应的第三方插件，不再赘述，开发者可以选择其他插件或者自己编写。

这里需要设计两张用户相关的数据表，其中一张作为用户数据表，另一张作为用户的 session_key 数据表。首先创建用户数据表，如图 4-12 所示，用于保存用户的 openId 和用户来源的 app_name，以及生成用户的唯一 token、token 过期时间、Token 的历史记录等数据。

名	类型	长度	小数点	不是 null	键	注释
id	int	11	0	✓	🔑 1	微信用户唯一id
openid	varchar	255	0	✓		微信用户openId
app_name	varchar	255	0			微信用户来源App
user_info	varchar	255	0			用户的信息
token	varchar	255	0			用于登录的用户唯一token
token_history	text	0	0			用户更换的token历史
token_time	timestamp					用户token到期的时间
created_at	timestamp	0	0			
updated_at	timestamp	0	0			

图 4-12 用户表

同时，在 Laravel 的工程中创建一个 Model 文件，用于获取该表的数据和对其进行操作。在 Model 文件夹中创建一个叫作 WxUser.php 的文件，其代码如下所示。

```php
<?php

namespace App\Model;
```

```
use Illuminate\Database\Eloquent\Model;

class WxUser extends Model
{
    protected $table = '指定的用户表名称';
    public $timestamps = true;
}
```

第二张表用于暂存用户的 session_key 的记录，如图 4-13 所示。

名	类型	长度	小数点	不是 null	键	注释
id	int	11	0	✓	🔑 1	sessionId
wx_id	int	11	0	☐		用户的唯一id
session_key	varchar	255	0	☐		来自服务器的session
created_at	timestamp	0	0	☐		
updated_at	timestamp	0	0	☐		

图 4-13 session_key 表

当然，这张表也应当创建一个 Model，用于获取该表的数据和对其操作，在 Model 文件夹中创建一个叫作 WxSession.php 的文件，其代码如下所示。

```
<?php

namespace App\Model;

use Illuminate\Database\Eloquent\Model;

class WxSession extends Model
{
    protected $table = '指定的用户表名称';
    public $timestamps = true;
}
```

下一步就应当是编写处理用户逻辑的 Controller 了，在 http\Controllers\User\Api 文件夹下创建 UserController.php 文件，其代码如下所示。

```
<?php

namespace App\Http\Controllers\User\Api;

use App\Model\WxUser;
use App\Traits\Common;
use App\Traits\HttpClientUtils;
```

```
use App\Traits\TXWeChatUser;
use Illuminate\Http\Request;
use App\Http\Controllers\Controller;
use function PHPSTORM_META\type;

class UserController extends Controller
{
    use Common;
    use HttpClientUtils;
    use TXWeChatUser;
    /**
     * @param Request $request
     * @return \Illuminate\Http\JsonResponse
     * 如果用户登录态过期或者第一次登录需要获得该 openId 用于生成 token
     */
    public function getToken(Request $request)
    {

    }

    /**
     * @param Request $request
     * @return \Illuminate\Http\JsonResponse
     * 返回用户的状态是否失效
     */
    public function checkToken(Request $request)
    {

    }
}
```

其中，TXWeChatUser 用于解析通过 code 获取 openId（在 getToken 中调用）的解析时的方法 tx_user_openid_transform，该文件在 Traits 文件夹中，当然也可以在其他文件夹中，只需要注意 namespace 的指定，其代码如下所示。这里同样指定了生成 token，通过获得的用户 openId 和用户的 App 标识及一个时间戳联合生成唯一的 token，并把这个值存储在数据库中，通过接口返回给用户。

```
<?php

namespace App\Traits;
```

```php
use App\Model\WxSession;
use App\Model\WxUser;
use Illuminate\Support\Facades\Log;

trait TXWeChatUser
{
    /**
     * 将来自腾讯接口的数据转换为自己的格式,并且记录日志
     */
    function tx_user_openid_transform($data, $app)
    {
        if (!isset($data->errcode)&&isset($data->openid)){
            $data->errcode = 0;
        }
        if (isset($data->errcode)) {
            if ($data->errcode == 0) {
                $user = WxUser::where('openid', $data->openid)->first();
                $time = time();
                if ($user) {
//                    老用户,暂不更新session 给予新的token
                    if ($user->token_history) {
                        $user->token_history = $user->token_history . ',' . $user->token_time . ':' . $user->token;
                    } else {
                        $user->token_history = $user->token_time . ':' . $user->token;
                    }
                    $user->token = md5($time . $app.$data->openid);
                    $user->token_time = date('Y-m-d H:i:s',$time + 3600);
                    $user->save();
                } else {
//                    新用户,直接加入用户表,并且新增session
                    $user = new WxUser();
                    $user->openid = $data->openid;
                    $user->app_name = $app;
                    $user->token = md5($time . $app.$data->openid);
                    $user->token_time = date('Y-m-d H:i:s',$time + 3600);
                    $user->save();
                    $session = new WxSession();
                    $session->wx_id = $user->id;
                    $session->session_key = $data->session_key;
                    $session->save();
```

```
//                WxSession::
                return ['token' => $user->token];
            } else {
                Log::info('腾讯数据报错：' . json_encode($data));
                return ['message' => '用户登录错误，请稍后重试'];
            }
        } else {
            Log::info('腾讯数据出现错误：');
            Log::error($data);
            return ['message' => '系统错误，请稍后重试，或发邮件给开发者，谢谢。'];
        }
    }
}
```

获取用户 token 的代码如下所示，解析用户的 code 并且将 code 在服务器端获取 openId 之后返回用户的 token 值。

```
/**
 * @param Request $request
 * @return \Illuminate\Http\JsonResponse
 * 如果用户登录态过期或者第一次登录需要获得该 openId 用于生成 token
 */
public function getToken(Request $request)
{
    if (!$request->has('app') || !$request->has('code')) {
        return $this->apiReturn(110, [], '用户未指明来源');
    }
    $app = $request->input('app');
    $code = $request->input('code');
    $url = str_replace('JSCODE', $code, str_replace('SECRET', config('user.' . $app . '.secret'), str_replace('APPID', config('user.' . $app . '.appId'), config('user.tx_api.openIdUrl'))));
    $data = $this->tx_user_openid_transform($this->apiGet($url),$app);
    if(isset($data['message'])){
        return $this->apiReturn(1,[],$data['message']);
    } else {
        return $this->apiReturn(0,$data,'');
    }
}
```

注意：这里需要的小程序 APPID 和密钥已经在 config 中配置，开发者也可以直接将其填写在这里。

这样就可以获得第一次登录时的 token 值了，但是每一次都请求服务器是不必要的，登录态应当是自行维护的，所以这里另外一个验证是否失效的接口 checkToken 就派上用场了，其代码如下所示。

```
/**
 * @param Request $request
 * @return \Illuminate\Http\JsonResponse
 * 返回用户的状态是否失效
 */
public function checkToken(Request $request)
{
    $token = $request->header('token');
    if ($token) {
        $user = WxUser::where('token', $token)->first();
        if (!$user || strtotime($user->token_time) < time()) {
            return $this->apiReturn(2, [], '用户登录已过期。');
        } else {
            return $this->apiReturn(0, [], '');
        }
    } else {
        // 第一次进来的用户
        return $this->apiReturn(3, [], '欢迎新用户。');
    }
}
```

这样，一个完整的用户登录流程代码就编写完毕了。这里只是提供了一个非常简单的登录方式，主要是为了说明用户登录的流程，读者可自行完善其中的各项内容和相关的信息等。

4.2.3 用户系统的测试

本节测试上一节编写的代码。首先，index.wpy 文件中编写 onLoad 方法，用于在该页面载入时就进行用户的登录操作。

先在页面的 onLoad 中手动打印 wx.login 获得的 code 信息，用于获取 openId，其完整的代码如下所示，暂时不请求接口的 code 地址，只是将其打印显示在调试窗口中，如图 4-14 所示。

```
onLoad() {
    wepy.login().then((res) => {
```

```
      console.log(res)
    })
}
```

```
▼ {errMsg: "login:ok", code: "0112Qd1z1WoGra0zGu1z1XR81z12Qd1y"}
    code: "0112Qd1z1WoGra0zGu1z1XR81z12Qd1y"
    errMsg: "login:ok"
  ▶ __proto__: Object
promise resolved
```

图 4-14　打印 code

然后，复制这个 code，已知该小程序的 APPID 和 SECRET 可以使用任意浏览器或者 postman 这样的测试软件获取该 code 对应的 openId 和 session_key 等信息，如图 4-15 所示。

图 4-15　postman 截图

其实对于服务器端而言，相当于将此过程进行了自动化，该页面从服务器端获取 token 的代码如下。

```
wepy.login().then((res) => {
  console.log(res)
})
```

服务器端获得 code 后自动从微信服务器换取 session_key 和 openId，并且返回一个唯一字符串 token，如图 4-16 所示。

图 4-16 获取 token 情况

第二次请求时不会调用获取 token 的请求，因为 token 已经存在了本地缓存中，下次会在请求中携带该值，如图 4-17 所示。

图 4-17 检测 token

当然，这样也在服务器的数据库中增加了一条用户的相关记录，而这条记录也详细记录了用户的来源和其对应的 openId 和 token 值。

对于用户登录状态，在后台的 Laravel 代码中可以使用一个中间件的形式进行验证。在需要用户登录态的路由中指定一个用于检测用户登录的中间件，在该中间件执行过程中首先对请求的头部携带的 token 值进行取值，并且查询数据库中是否存在该用户，且是否没有过期。如果用户态正常则继续下发请求至对应的控制器，中间件一般存放在 Http/Middleware 文件夹中，需要在 Kernel.php 中注册，这里只是给出一个简单的实例。

```
<?php

namespace App\Http\Middleware;

use App\Model\WxUser;
use App\Traits\Common;
use Closure;

class GetWxUser
```

```
{
    /**
     * Handle an incoming request.
     *
     * @param  \Illuminate\Http\Request  $request
     * @param  \Closure  $next
     * @return mixed
     */
    use Common;
    public function handle($request, Closure $next)
    {
        $wxUser = WxUser::where('token', $request->header('token'))->first();
        if($wxUser){
            request()->offsetSet('userInfo',$wxUser);
            return $next($request);
        }else{
            return $this->apiReturn(110,[],'用户未登录');
        }
    }
}
```

4.3 其他常用服务器 API

本节将会对一些微信小程序中常用服务器 API 进行补充,包括二维码 API,以及运动数据 API 等。

4.3.1 二维码 API

获取小程序码分为 3 种不同的应用场景。createWXAQRCode 适用于需要的码数量较少的业务场景。getWXACode 适用于需要的码数量较多的业务场景,通过该接口生成的小程序码永久有效,有数量限制。getWXACodeUnlimit 适用于需要的码数量极多的业务场景,通过该接口生成的小程序码永久有效,数量暂无限制。

一般的业务场景都希望知道小程序的裂变来源,也就是新用户是由哪位老用户导入的,所以常用的是 getWXACodeUnlimit 这个 API。

二维码需要在后端服务器获取,通过 POST 的方式请求下面的地址 POST https://api.weixin.

qq.com/wxa/getwxacodeunlimit?access_token=ACCESS_TOKEN，请求成功后将会直接返回二进制的文件流。

POST 需要携带的参数如表 4-2 所示。

表 4-2　POST需要携带的参数

参数名称	类型	说明
access_token	string	接口调用凭证
scene	string	最长为32个可见字符，只支持数字、大小写英文及部分特殊字符：!#$&'()*+,/:;=?@-._~，其他字符请自行编码为合法字符（因不支持%，中文无法使用urlencode处理，请使用其他编码方式）
page	string	必须是已经发布的小程序存在的页面（否则报错），例如pages/index/index，根路径前不要填加/，不能携带参数（参数请放在scene字段里），如果不填写这个字段，默认为主页面
width	number	二维码的宽度，单位为px，最小为280px，最大为1280px
auto_color	boolean	自动配置线条颜色，如果颜色依然是黑色，则说明不建议配置主色调，默认为false
line_color	Object（{"r":0,"g":0,"b":0}）	auto_color 为 false 时生效，使用 rgb 设置颜色，例如{"r":"xxx","g":"xxx","b":"xxx"}，十进制表示
is_hyaline	boolean	是否需要透明底色，为 true 时生成透明底色的小程序码

通过上述接口获得添加相关用户参数的二维码，即为需要完成编写程序的内容，这需要另外一个相关的接口，即获取小程序全局唯一后台接口调用凭据（access_token）。这个值是调用绝大多数后台接口时都需要的，有效期是 2 个小时，开发者需要妥善保存，并在到期后刷新该值。

accessToken 也是从微信服务器通过一个 GET 请求获取的，需要提供小程序的 APPID 和 secret 之后，设置一个合理的过期时间用于刷新当前的数据，其地址如下：

https://api.weixin.qq.com/cgi-bin/token?grant_type=client_credential&appid=APPID&secret=APPSECRET

如果读者已经注册了自己的小程序，可以使用 postman 或者浏览器输入上面的地址测试该返回值是否包含 access_token 的相关信息，如图 4-18 所示。

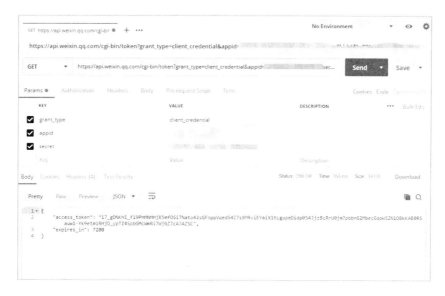

图 4-18　access_token 获得的值

如果需要使用后台获取，通用的代码如下所示，这里使用了 Laravel 框架自带的缓存方式获取该 access_token 的值，将该值保存在缓存中 1.8 小时，如果失效或者缓存中不存在会自动在服务器上获取。

```
/**
 * 获取到 accessToken
 */
public function getAccessToken()
{
    $accessToken = '';
    if (Cache::has('accessToken')) {
        $accessToken = Cache::get('accessToken');
    } else {
        // 地址信息
        $url = 'https://api.weixin.qq.com/cgi-bin/token?grant_type=client_credential&appid=APPID69d&secret=SECRET';
        // 请求
        $return = $this->apiGet($url);
        if (isset($return->errcode)) {
            Log::info('腾讯数据出现错误：');
            Log::error($return);
        } else {
            Cache::put('accessToken', $return->access_token, 18. * 60);
```

```
            $accessToken = $return->access_token;
        }
    }
    return $accessToken;
}
```

这样就可以在调用这个方法的时候获取当前的 accessToken，并且不会频繁请求微信服务器。

注意：这里用到了之前的请求 CURL 类，并且写在了 TXWeChatUser.php 这个 trait 文件中。

接下来，需要一个路由接口用于接收小程序对于后台服务器的请求和相关的参数内容，这里需要新建一个相关的路由，在 RouteServiceProvider 中的 mapApiRoutes()方法中添加新的路由文件定义。

```
// common 微信用户通用请求
Route::prefix('wxUserCommon/api')
    ->middleware('api')
    ->namespace($this->namespace)
    ->group(base_path('routes/wxUserCommon.php'));
```

并在 Routes 文件夹下新建 wxUserCommon.php 文件，本章的路由均会定义在此文件下，这条信息的路由代码如下所示。

```
<?php
Route::group(['namespace' => 'WXUserCommon\Api', 'middleware' => ['getWxUser']],
function () {
    // 获得用户二维码
    Route:: post('/getUserCode', 'IndexController@getUserCode');
});
```

在这里同样需要用到之前用于检测用户是否登录的中间件，用来控制用户是否登录的检测，因为在此路由中的方法都需要划分用户级别，获取单一用户的二维码或者运动数据、手机号码等。

接着在 Http\Controllers\WXUserCommon\Api 中创建 IndexController.php 控制器，并且编写 getUserCode()方法，其代码如下所示。

```
<?php

namespace App\Http\Controllers\WXUserCommon\Api;

use App\Traits\TXWeChatUser;
use Illuminate\Http\Request;
```

```php
use App\Http\Controllers\Controller;

class IndexController extends Controller
{
    use TXWeChatUser;

    public function getUserCode(Request $request)
    {
        // 获得用户的id作为参数
        $user = $request->input('userInfo');
        $scene = $user->id;
        // 获取用户指定的参数
        $page = $request->page;
        $width = isset($request->width) ? $request->width : 280;
        $auto_color = isset($request->line_color) ? false : true;
        $line_color = isset($request->line_color) ? $request->line_color : ['r' => 0, 'g' => 0, 'b' => 0];
        $is_hyaline = $request->is_hyaline;
        return $this->getUserCodeFromWX(['scene' => $scene, 'page' => $page, 'width' => $width, 'auto_color' => $auto_color, 'line_color' => $line_color, 'is_hyaline' => $is_hyaline]);
    }
}
```

这里通过微信小程序配置了参数，并且调用了一个请求生成二维码的方法，该方法写在了TXWeChatUser.php中。

```php
/**
 * 获取二维码
 */
public function getUserCodeFromWX($args)
{
    $accessToken = $this->getAccessToken();
    // 发送至地址/
    // https://api.weixin.qq.com/wxa/getwxacodeunlimit?access_token=ACCESS_TOKEN
    $url = 'https://api.weixin.qq.com/wxa/getwxacodeunlimit?access_token=' . $accessToken;
    return $this->apiPost($url, $args);
}
```

这样就获得了一个包含用户id作为参数的小程序二维码，只需要在小程序端调用这个接口即可获得用户的二维码信息。并且当用户在朋友圈中分享二维码时，小程序通过对其进入时二维码返回的参数进行解析,即可知道用户的来源。

4.3.2 运动数据 API

获取运动数据和获取二维码有异曲同工之处,数据本身都由后台解析得到,不同的地方在于,运动数据需要由小程序端获取,再传到后台服务器做一个解析操作,而不是直接通过后台生成用户的数据。

在小程序端应该调用 wx.getWeRunData(Object object),该接口需要先调用 wx.login 接口,可获取用户过去 30 天微信运动步数,步数信息会在用户主动进入小程序时更新,成功后会返回两个相关的结果,如表 4-3 所示。

表 4-3 步数信息返回值

属性名称	类型	说明
encryptedData	string	包括敏感数据在内的完整用户信息的加密数据。解密后得到的数据结构见后文
iv	string	加密算法的初始向量

也就是说,小程序端步数的获取非常简单,不需要任何逻辑操作,即可获取一个加密的步数信息,其代码如下所示。

```
wx.getWeRunData({
  success(res) {
    const encryptedData = res.encryptedData
  }
})
```

但只是获取相关的加密信息是无用的,该加密信息需要后端的解析才可以获得真正的用户步数信息,这就需要服务器端加解密了。

什么是数据的加解密呢?这一套加解密功能适用于所有的小程序开放数据校验和解密,小程序可以通过各种前端接口获取微信提供的开放数据。考虑到开发者服务器也需要获取这些开放数据,微信会对这些数据做签名和加密处理。开发者拿到开放数据后,可以对数据进行校验签名和解密,来保证数据不被篡改。

数据校验与解密基本的流程如图 4-19 所示。

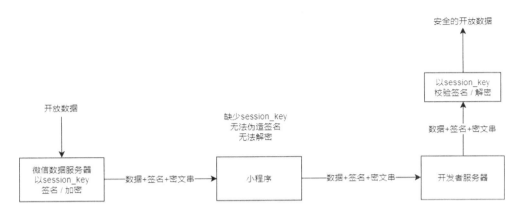

图 4-19　数据校验与解密基本的流程

签名校验及数据加解密涉及用户的会话密钥 session_key，也就是我们在用户登录章节中事先通过 wx.login 登录流程获取会话密钥 session_key 并保存在服务器上的用户对话秘钥。

session_key 在参与用户事务时可能出现过期情况，如用户的数据解析失败或者出现其他的错误，但是微信刷新机制存在最短周期，如果同一个用户短时间内多次调用 wx.login，并非每次调用都导致 session_key 刷新，同时微信不会把 session_key 的有效期告知开发者。我们会根据用户使用小程序的行为对 session_key 进行续期。用户使用小程序越频繁，session_key 的有效期越长。

这意味着，在小程序端应当判断相关的 session_key 是否失效，当然小程序也为我们提供了一个相关的 API wx.checkSession(Object object)，可以检测当前用户登录态是否有效。调用成功说明当前 session_key 未过期，调用失败说明 session_key 已过期。登录态过期后开发者可以再调用 wx.login 获取新的用户登录态。

注意：为了数据不被篡改，开发者不应该把 session_key 传到小程序客户端等服务器外的环境。

其基本的使用方式如下所示。

```
wx.checkSession({
  success() {
    // session_key 未过期，并且在本生命周期内一直有效
  },
  fail() {
    // session_key 已经失效，需要重新执行登录流程
    wx.login() // 重新登录
  }
})
```

也就是说，如果要获取某一个用户的相关运动信息，需要先获得该用户没有失效的 session_key 和 openId，而在之前用户登录代码中并没有对 session_key 是否失效问题做出判断，这里必须获得到有效的 session_key。也就是说，该代码的登录功能部分应改为如下所示。其基本的逻辑为：在小程序登录时先检查该用户的 session_key 是否失效，如果没有失效，继续原本登录流程，如果失效，则不验证是否是老用户，直接进入登录流程。

```
// 用户统一登录
userLogin(cb) {
  const that = this
  wx.checkSession({
    success() {
      // session_key 未过期，并且在本生命周期内一直有效
      that.userRequest('/wxUser/api/checkToken', 'get', {}, function (res) {
        if (res.data.code === 0) {
          // 验证成功
          cb()
        } else {
          // 验证失败
          that.reLogin(cb)
        }
      })
    },
    fail() {
      // session_key 已经失效，需要重新进入登录流程
      // 验证失败
      that.reLogin(cb)
    }
  })
}
```

同理，在原本的用户登录后台逻辑中，如果是老用户登录，并不会刷新用户的 session_key，而仅仅刷新用户的 token，所以这里需要更新相关的代码。更改后的代码如下所示。

```
/**
 * 转化来自腾讯接口的数据为自己的格式，并且记录日志
 */
function tx_user_openid_transform($data, $app)
{
    if (!isset($data->errcode) && isset($data->openid)) {
        $data->errcode = 0;
    }
```

```php
            if (isset($data->errcode)) {
                if ($data->errcode == 0) {
                    $user = WxUser::where('openid', $data->openid)->first();
                    $time = time();
                    if ($user) {
//                      老用户，更新session，给予新的token
                        if ($user->token_history) {
                            $user->token_history = $user->token_history . ',' . $user->token_time . ':' . $user->token;
                        } else {
                            $user->token_history = $user->token_time . ':' . $user->token;
                        }
                        $user->token = md5($time . $app . $data->openid);
                        $user->token_time = date('Y-m-d H:i:s', $time + 3600);
                        $user->save();
                        $session = WxSession::where('wx_id',$user->id)->first();
                        $session->session_key = $data->session_key;
                        $session->save();
                    } else {
//                      新用户，直接加入用户表，并且新增session
                        $user = new WxUser();
                        $user->openid = $data->openid;
                        $user->app_name = $app;
                        $user->token = md5($time . $app . $data->openid);
                        $user->token_time = date('Y-m-d H:i:s', $time + 3600);
                        $user->save();
                        $session = new WxSession();
                        $session->wx_id = $user->id;
                        $session->session_key = $data->session_key;
                        $session->save();
                    }
//                  WxSession::
                    return ['token' => $user->token];
                } else {
                    Log::info('腾讯数据报错：' . json_encode($data));
                    return ['message' => '用户登录错误，请稍后重试'];
                }
            } else {
                Log::info('腾讯数据出现错误：');
                Log::error($data);
```

```
            return ['message' => '系统错误，请稍后重试，或邮件开发者，谢谢。'];
        }
    }
```

接下来，对小程序端获取的数据进行相应解密工作，微信端的解密算法基本逻辑如下所示。

- 对称解密使用的算法为 AES-128-CBC，数据采用 PKCS#7 填充。
- 对称解密的目标密文为 Base64_Decode(encryptedData)。
- 对称解密秘钥 aeskey = Base64_Decode(session_key)，aeskey 的大小是 16 字节。
- 对称解密算法初始向量为 Base64_Decode(iv)，其中 iv 由数据接口返回。

当然，为了方便开发者使用，小程序为开发者准备了多种语言的示例代码，可以在下方地址中下载得到。

https://developers.weixin.qq.com/miniprogram/dev/framework/open-ability/demo/aes-sample.zip

对于 Laravel 工程，可以将上述压缩包内的 PHP 相关代码中的 wxBizDataCrypt.php 及 errorCode.php 放在工程中新建的 lib 目录下，该类提供了对于内容的解密操作，其完整代码如下所示。

```php
<?php
/**
 * 对微信小程序用户加密数据的解密示例代码
 *
 * @copyright Copyright (c) 1998-2014 Tencent Inc.
 */

include_once "errorCode.php";


class WXBizDataCrypt
{
    private $appid;
    private $sessionKey;

    /**
     * 构造函数
     * @param $sessionKey string 用户在小程序登录后获取的会话密钥
     * @param $appid string 小程序的APPID
```

```php
 */
public function __construct($appid, $sessionKey)
{
    $this->sessionKey = $sessionKey;
    $this->appid = $appid;
}


/**
 * 检验数据的真实性，并且获取解密后的明文
 * @param $encryptedData string 加密的用户数据
 * @param $iv string 与用户数据一同返回的初始向量
 * @param $data string 解密后的原文
 *
 * @return int 成功 0，失败返回对应的错误码
 */
public function decryptData($encryptedData, $iv)
{
    if (strlen($this->sessionKey) != 24) {
        return ErrorCode::$IllegalAesKey;
    }
    $aesKey = base64_decode($this->sessionKey);


    if (strlen($iv) != 24) {
        return ErrorCode::$IllegalIv;
    }
    $aesIV = base64_decode($iv);

    $aesCipher = base64_decode($encryptedData);

    $result = openssl_decrypt($aesCipher, "AES-128-CBC", $aesKey, 1, $aesIV);

    $dataObj = json_decode($result);
    if ($dataObj == NULL) {
        return ErrorCode::$IllegalBuffer;
    }
    if ($dataObj->watermark->appid != $this->appid) {
        return ErrorCode::$IllegalBuffer;
    }
```

```
        return $result;
    }

}
```

接下来，将会对小程序端步数的解析编写一个小程序示例，首先新建一个小程序项目，在页面 index.wpy 中获取用户的登录态和运动内容，其代码如下所示，已经引入之前编写的用户登录相关内容。

```
import wepy from 'wepy'
  import wxCommon from '../mixins/wxCommon'

  export default class index extends wepy.page {
    config = {
      navigationBarTitleText: '获取用户的运动数据'
    }
    components = {}
    mixins = [wxCommon]
    onLoad() {
      const that = this

      this.userLogin(() => {
        // 登录成功后获取用户的运动信息
        that.getRunData()
      })
    }

    getRunData() {
      const that = this
      console.log('更新用户的运动数据')
      wx.getWeRunData({
        success(res) {
          that.userRequest('/wxUserCommon/api/getUserStep', 'post', {
            data: res.encryptedData,
            iv: res.iv
          }, function (res) {
            if (res.data.code === 0) {
              wepy.setStorageSync('step', res.data.data)
            } else {
              wepy.showModal({
                title: '错误',
```

```
                content: res.data.message + res.data.code
            })
        }
    })
  }
})
        }
    }
```

这样，当用户进入小程序后，会出现一个权限调用提示，如图 4-20 所示，当用户同意后会将获得的用户步数信息发送给后台的 API 地址。

图 4-20 请求权限

接下来需要在 Laravel 项目中提供一个新的接口路由地址，并将解密算法和用户相关登录的内容加入项目中，首先添加相关的路由，代码如下所示。

```
<?php
Route::group(['namespace' => 'WXUserCommon\Api', 'middleware' => ['getWxUser']],
function () {
//    获得用户二维码
    Route:: post('/getUserCode', 'IndexController@getUserCode');
//    获得用户的运动步数
    Route:: post('/getUserStep', 'IndexController@getUserStep');
});
```

接下来编写相关控制器的解析数据代码,如下所示,引入 Lib 中微信提供的解密类作为解密库,直接获得用户的运动数据,并且返回给小程序本身。

```
/**
 * @param Request $request
 * @return \Illuminate\Http\JsonResponse
 * 返回用户的步数或者错误信息
 */
public function getUserStep(Request $request)
{
//      用户步数获取
    $iv = $request->input('iv');
    $encryptedData = $request->input('encryptedData');
    $user = $request->input('userInfo');
    $sessionKey = WxSession::where('wx_id',$user->id)->first();
    require_once app_path() . '/Lib/WXAES/wxBizDataCrypt.php';
    $pc = new \WXBizDataCrypt('APPID', $sessionKey->session_key);
    $data = $pc->decryptData($encryptedData, $iv);
    return $this->apiReturn(0, ['data' => $data]);
}
```

这样,用户在打开小程序时如果有运动数据请求,将会发送所有的运动数据至后台服务器,而后台服务器也会对数据进行解密和返回给相应的客户端,这样就完成了一个简单的用户运动信息的获取,如图 4-21 所示。

图 4-21 步数获取

4.3.3 获取用户手机号

获取用户手机号其实相当于之前 API 的一种综合应用,对于微信小程序而言,存在于微信应用框架中。理论上,任何微信账号都拥有一个相应的手机号内容,而对于不同的微信账号而言,手机号也是唯一的,并且一定可用。

微信并没有阻止小程序的开发者获取用户手机号,但是一定需要用户主动触发才可以获取。

这个授权获取需要用户单击一个<button></bubtton>组件，其小程序端代码如下所示。

```
<button open-type="getPhoneNumber" bindgetphonenumber="getPhoneNumber"></button>
  getPhoneNumber(e) {
    console.log(e.detail.errMsg)
    console.log(e.detail.iv)
    console.log(e.detail.encryptedData)
  }
```

不过不同于其他的开放能力，用户手机号作为用户的敏感数据，获取时需要解密。

通过加解密可以获得用户手机号，其代码如下所示。

```
<style lang="less">
  page {
    background: #eeeeee;
  }

  view {
    text-align: center;
    font-size: unit(30, rpx);
    padding: unit(60, rpx);
  }
</style>
<template>
  <view>
    {{phone}}
  </view>
  <button open-type="getPhoneNumber" bindgetphonenumber="getPhoneNumber">单击获得电话</button>
</template>

<script>
  import wepy from 'wepy'
  import wxCommon from '../mixins/wxCommon'

  export default class index extends wepy.page {
    config = {
      navigationBarTitleText: '获取用户的运动数据'
    }
    components = {}
```

```
    data = {
      phone: '暂时未获得'
    }
    mixins = [wxCommon]

    methods = {
      getPhoneNumber(e) {
        const that = this
        console.log(e.detail.errMsg)
        console.log(e.detail.iv)
        console.log(e.detail.encryptedData)
        that.userRequest('/wxUserCommon/api/getUserPhone', 'post', {
          encryptedData: e.detail.encryptedData,
          iv: e.detail.iv
        }, (res) => {
          if (res.data.code === 0) {
            that.phone = res.data.data
          } else {
            wepy.showModal({
              title: '提示',
              content: res.data.message
            })
          }
        })
      }
    }

    onLoad() {
      const that = this
      this.userLogin(() => {
        // 登录成功后获取用户的运动信息
……
      })
    }
  }
</script>
```

如图 4-22 所示，当用户单击按钮时，会向后台发送一个加密的电话号码信息，并且如果后台解密成功，会再次返回小程序端。解密方法和运动数据获取一致，这里不再赘述。

图 4-22 获取用户电话

4.4 小结与练习

4.4.1 小结

本章学习了后台开发的基本内容，整个章节的知识点非常多。虽然本章选择的后台技术是受众最广和最简单的 PHP，但是对于初学者而言，可能并不是那么容易理解，而且如果只是对小程序开发感兴趣的话，并不需要学习服务器端的技术。

所以本章的后端代码只是"浅尝辄止"，并没有介绍烦琐复杂的设计模式，几乎所有的代码逻辑也只在一个文件或一个控制器中体现，只是为了让读者理解后台是如何和小程序本身搭配和开发的。至于真正的技术点，相信每位读者都可以通过网络、文档、其他专业后端书籍快速查阅和学习。

4.4.2 练习

本章并不要求读者完成后端的开发，只是需要思考。

- 需要开发的小程序后端应提供怎样的功能。
- 小程序和服务器端怎样的数据处理和搭配才能让开发速度更快，且让小程序更加稳定。
- 小程序和服务器应该怎样各司其职。

第 5 章

实战：问卷小程序

本章是对小程序一个最常见的使用场景的介绍，读者将会学习到问卷小程序应当怎样制作，怎样通过后台提供的 API 获取问卷信息，如何在小程序中制作一个完整的问卷。

本章涉及的知识点如下：

- 如何搭建简单的问卷 API 后台。
- 如何将获取的问卷信息显示在小程序中。
- 如何提交问卷的信息。

5.1 问卷小程序简介

本节将会介绍问卷小程序的基本思路，包括为什么需要问卷调查、问卷调查应当包含怎样的数据内容，以及基本的调查问卷的显示内容。

5.1.1 为什么需要问卷调查

在一个产品面世的过程中，必要的市场反馈是一定需要的，只有市场和用户及时反馈，才可以让企业、开发者明白自己产品的缺陷在何处，应当如何修正而去满足消费者真正的诉求。

单纯功能性的产品是没有意义的，仅仅存在于内部或者实验室阶段的产品只能叫作原型，只有面向市场、面向消费者，及时地接受反馈并持续迭代才是一个产品和一家企业必经的阶段，面向客户或者消费者的问卷调查是非常有必要的。

在市场中，存在大量问卷调查的 HTML 页面，而在问卷领域也拥有多家体量巨大的企业，它们手中有大量不同年龄、不同性别、不同职业，甚至使用不同终端、年收入不同的用户群体，通过精准的问卷推广而向企业收取费用，某些比较小众领域的问卷甚至一份收费上百元。

对于一家并非如此体量的企业或者仅仅为了写文章拿论文数据的学生而言，这样的价格是无法接受的，并且自己需要的数据和内容不一定可以由第三方企业来提供，这个时候，自己制作一个简单的问卷系统，便非常重要了。

5.1.2 需求分析

问卷调查一般而言分为 3 种不同的问题模式，分别是：

- 多选题：用于需要多选的答案内容，比如爱好、偏好类型、常用品牌等。
- 单选题：一般用于只需要选择一个的题目，比如性别、年龄、收入等。
- 文字输入题：需要用户输入的内容，比如建议等。

问卷系统需要支持以上 3 种问题模式，并且需要对用户输入的内容和选择的内容进行记录，在用户提交后将所有的内容返回服务器中。

基本问卷调查流程如图 5-1 所示。

在上述流程中，真正需要使用数据库的是问题的获取和答案的回写两个接口。这里规定一个数据格式，一个完整的数据 API 的返回存在 3 个相关的字段，包括错误代码、数据和信息提示，如表 5-1 所示。

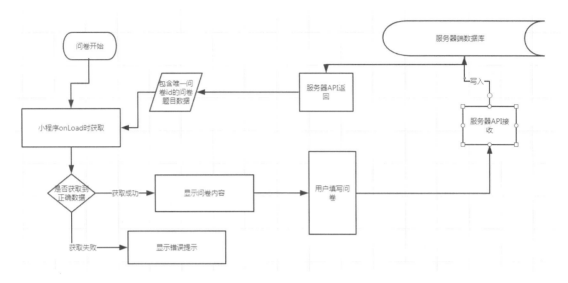

图 5-1 基本问卷调查流程

表 5-1 API返回数据

数据名称	是否一定存在	说 明
data	Object，默认为{}	返回的数据内容，包含所有的返回数据
code	int，默认为0	数据为0时执行正常，如果是其他情况，则是1或者其他数字
message	string，默认为''	如果是code，不为0，则是错误信息

5.2 问卷小程序具体编码

本节会对上节的问卷调查系统进行具体的编码，读者可以参考本节的代码自行编写一个更加完善的问卷系统。在本节中并没有涉及任何用户系统，所以读者无须理解或者已经编写出第 4 章的代码，也可以完成问卷系统。

5.2.1 后端编写

问卷调查的后端其实是最简单的后端逻辑，只需要在后端提供获取问卷内容的 API 和接收用户答案的 API。

首先看一下项目的文件结构，如图 5-2 所示。Laravel 工程中的目录和说明如下所示。

- Controller 文件夹：PHP 逻辑文件、控制器、具体 PHP 业务逻辑代码文件存放处。
- Middleware 文件夹：中间件文件夹，中间件用于对一些请求在进入控制器之前或者之后进行操作，可以用来实现权限控制、用户登录检测、数据加解密等。
- Router 文件夹：项目路由存放处，主要存放可以被访问到的项目路径，以及绑定不同的控制器和方法。
- Public 文件夹：项目中静态文件的存放处，一些 CSS、图片、视频或者其他的静态文件可以存在此文件夹中，此文件夹是公开的，可以被用户直接访问，所以一些涉及密码或者其他隐私的文件不应该放在此文件夹中。
- Config 文件夹：用来存放一些配置文件。

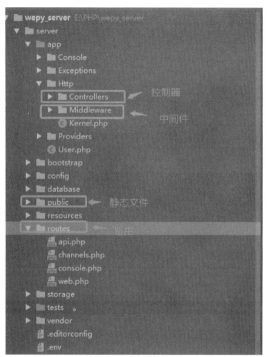

图 5-2　项目的文件结构

对于使用数据库的情况，会创建不同的数据模型（Model），此时会再创建一个 model 文件夹用于存放数据模型。而一些可以通用的方法或者常用的函数，会创建一个 Traits 文件夹来存放。

接下来，就开始编写问卷小程序的后台逻辑代码。

所有 Laravel 路由都定义在位于 routes 下的路由文件中，这些文件通过框架自动加载。首先针对问卷小程序创建一个 route 文件。

在 routes 文件夹下创建一个.php 文件 questionnaire.php，对问卷调查需要的两个接口获得问卷和接收问卷进行路由定义，并且绑定一个新创建的 Controller，命名为 QuestionnaireController 的两个对应方法：getQuestions 和 answerQuestions，其完整的代码如下所示。

```php
<?php
Route::group(['namespace' => 'questionnaire \Api'], function () {
//     问卷调查
    Route:: get('/questionnaire', 'QuestionnaireController@getQuestions');
    Route:: post('/questionnaire', 'QuestionnaireController@answerQuestions');
});
```

一个新的 route 文件如何才能被系统识别呢？这里需要在 app/Providers 文件夹中引入 RouteServiceProvider。修改后的 map 方法如下所示。

```php
    /**
     * Define the routes for the application.
     *
     * @return void
     */
    public function map()
    {
        $this->mapApiRoutes();

        $this->mapWebRoutes();

        // wepy 书提供的 API
        Route::prefix('questionnaire/api')
            ->middleware('api')
            ->namespace($this->namespace)
            ->group(base_path('routes/questionnaire.php'));
    }
}
```

这样就成功引用了该路由文件，因为并没有完成这个路由对应的 Controller，所以并不能成功访问，如图 5-3 所示。

接下来可以使用 CMD 在项目根目录中输入命令：

```
php artisan make:controller Questionnaire\Api\QuestionnaireController
```

第 5 章　实战：问卷小程序

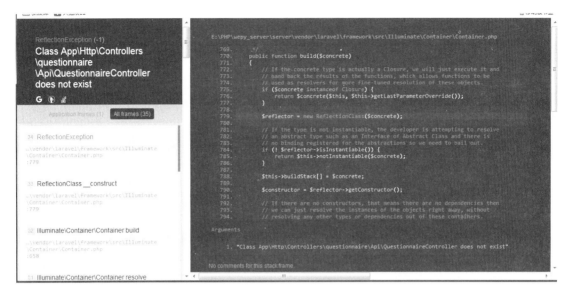

图 5-3　错误信息

这样，系统会为我们直接创建一个 Questionnaire 的 Controller，如图 5-4 所示。其实也可以手动创建目录和 Controller，二者并没有区别。

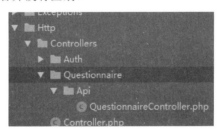

图 5-4　Controller 地址

接下来在该 Controller 中创建两个方法，分别是 getQuestions 和 answerQuestions。本书为了简化后台开发，对于 getQuestions 将会直接返回已经写好的问题数据，但是对于 answerQuestions 则需要一个专门的数据表，用于存储数据。

这里需要使用 MySQL，首先连接之前已经配置的数据库，新建一个数据库，命名为 wxServer，之后创建一张数据表，命名为 wepy_book_questionnaire，其表结构如图 5-5 所示，其中 id 为主键且自动增加。

• 157 •

名	类型	长度	小数点	不是 null	键	注释
id	int	11	0	✓	1	问卷id
q_id	varchar	255	0	✓		问卷唯一md5id（yan+timestamp）
data	text	0	0			问卷结果，存储为json串
phone	varchar	12	0			手机号
mail	varchar	255	0			电子邮件
created_at	timestamp	0	0			
updated_at	timestamp	0	0			

图 5-5　表结构

保存数据表之后，可以在 Laravel 项目中配置数据库信息，需要更新项目根目录中的 .env 文件，其中更改的部分如下所示。需要更改 DB 开头的配置项，更改为 MySQL 的数据地址、IP 地址和端口，并且指定相应的数据库名称、用户名和密码。其中 IP 地址可以通过 CMD 或者 Shell 使用"ipconfig/ifconfig"查看，如图 5-6 所示。

```
DB_CONNECTION=mysql
DB_HOST=127.0.0.1
DB_PORT=3306
DB_DATABASE=homestead
DB_USERNAME=homestead
DB_PASSWORD=secret
```

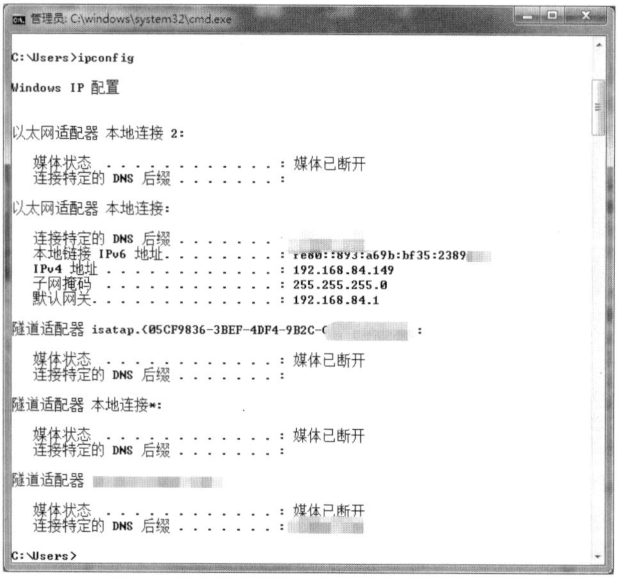

图 5-6　ip

图中 IP 地址显示的并不是公网的地址，在一般的家用电脑中不是直连网线，一般都通过路由器连接外网，所以地址会是 192 开头的一个内网地址。也就是说，如果采用内网地址作为服务器，只有同样在一个内网中的用户可以访问，小程序也就只在内网有效，对于需要提供整个互联网服务的小程序，需要拥有一个外网服务器且保证其 IP 地址为固定 IP 地址。

接下来开始服务器端代码的编写，可以进入数据模型（Model）的编写，使用 CMD 命令创建一个 Model，其命令如下所示。

```
php artisan make:model Model/ Questionnaire
```

注意：所有在 Laravel 中使用命令行创建的内容都可以手动创建，读者无须拘泥于这样的技术细节。

在此 Model 中需要关联数据库中对应的数据表，该文件的完整代码如下所示。

```php
<?php

namespace App\Model;

use Illuminate\Database\Eloquent\Model;

class Questionnaire extends Model
{
    public $timestamps = true;
    protected $table = 'wepy_book_questionnaire';
}
```

这样在控制器中只要实例化一个数据模型就可以新建一个问卷答案数据。可以通过 save 保存。接下来编写逻辑控制器，首先编写获得问卷问题的方法，其完整的代码如下所示。

```php
/**
 * @return \Illuminate\Http\JsonResponse
 * 获取问卷调查的内容
 */
public function getQuestions()
{
    $data['data'] = [
        ['id' => 1, 'name' => 'sex', 'question' => '您的性别是？', 'type' => 'choice', 'answer' => [["key" => 'A', 'value' => '男'], ["key" => 'B', 'value' => '女'], ["key" => 'C', 'value' => '其他']]],
        ['id' => 2, 'name' => 'lastBook', 'question' => '您最近读的一本书是？', 'type' => 'input', 'answer' => []],
```

```
            ['id' => 3, 'name' => 'workYear', 'question' => '您学习技术+工作的年限是？
', 'type' => 'choice', 'answer' => [["key" => 'A', 'value' => '刚刚入门'], ["key"
=> 'B', 'value' => '1-3 年'], ["key" => 'C', 'value' => '3-5 年'], ["key" => 'D',
'value' => '5 年以上']]],
            ['id' => 4, 'name' => 'suggest', 'question' => '本书作者技术很垃圾，不免
在很多地方可能误人子弟，请您提出意见。', 'type' => 'input', 'answer' => []],
            ['id' => 5, 'name' => 'moreLearn', 'question' => '您还想获得哪方面的知识？
(多选)', 'type' => 'checkbox', 'answer' => [["key" => 'A', 'value' => 'Java、Python、
C 等语言相关'], ["key" => 'B', 'value' => 'Web 开发相关'], ["key" => 'C', 'value' =>
'机器学习与大数据相关']]],
            ['id' => 6, 'name' => 'phone', 'question' => '您的手机号？', 'type' =>
'input', 'answer' => []],
            ['id' => 7, 'name' => 'mail', 'question' => '留个邮箱也行？', 'type' =>
'input', 'answer' => []]
        ];
        $q_id = md5(time() + mt_rand(0, 100));
        $data['q_id'] = $q_id;
        return $this->apiReturn(0, $data, '');
    }
```

这里为了防止同一问卷答案的多次提交，在获得所有问题的时候，会返回一个 q_id 字段，保证唯一性，而在提交问卷的同时，也需要将这个字段返回给服务器。

上述代码中的 apiReturn 方法是一个用来统一返回数据的通用方法，完整的代码如下所示。

```
function apiReturn($code = 0, $data = [], $message = '')
{
    $returnObj = [
        'code' => $code,
        'data' => $data,
        'message' => $message
    ];
    return response()->json($returnObj);
}
```

可以使用 postman 或者浏览器测试该接口，如图 5-7 所示，表示请求成功。

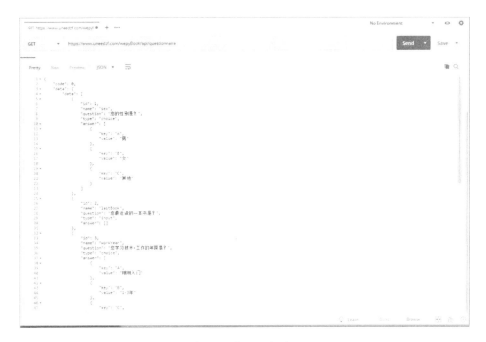

图 5-7 接口后台返回

接下来,就是接收数据的 API,用于接收用户推送到后端的数据内容,并且保存在数据库中,其完整的代码如下所示。

```
/**
 * @return \Illuminate\Http\JsonResponse
 * 获取填写的内容
 */
public function answerQuestions(Request $request)
{
    $question = Questionnaire::where('q_id', $request->input('q_id'))->first();
    if (!$request->has('q_id') || $question) {
        return $this->apiReturn(1, [], '重复提交或者问卷失效,请刷新重写填写。');
    }
    $data = $request->input('data');
    $question = new Questionnaire();
    $question->q_id = $request->input('q_id');
    $question->phone = isset($data->phone) ? $data->phone : '无手机号';
    $question->mail = isset($data->mail) ? $data->mail : '无邮箱号';
    $question->data = json_encode($data, JSON_UNESCAPED_UNICODE);
    $question->save();
```

```
            return $this->apiReturn(0, [], '提交成功,谢谢您的参与。');
    }
```

该接口是一个 Post 请求,需要获取一个 q_id 参数,以及所有的问题答案内容,通过 postman 发起一个 Post 请求测试,设置其 form-data 的相关值,如图 5-8 所示。

图 5-8 填写问卷

虽然在这个后端接口中仅提供了两个接口便完成了这个简单的问卷功能,但是这并不代表问卷系统本身是非常简单的系统,相反问卷系统应当只是一个完整的系统的一部分。单就问卷系统本身而言,也可以拥有非常复杂的逻辑,比如根据用户的不同显示不同的问卷内容等。而这些,就需要具体需求具体分析了。

5.2.2 小程序编写

公共 API:

- 获得所有的问卷信息(Get):https://www.uneedzf.com/wepyBook/api/questionnaire。
- 提交所有的问卷答案(Post):https://www.uneedzf.com/wepyBook/api/questionnaire。

首先新建一个 WePY 的项目,请参照之前创建 WePY 项目的相关章节。增加 app.wpy 文件中的 promisify 支持和配置的修改,修改后的代码如下所示。

```
constructor () {
  super()
  this.use('requestfix')
```

```
    this.use('promisify')
  }
  window: {
    backgroundTextStyle: 'light',
    navigationBarBackgroundColor: '#fff',
    navigationBarTitleText: '问卷调查',
    navigationBarTextStyle: 'black'
  }
```

接下来在 index.wpy 中删除实例的代码，编写新的页面代码。对于此页面来说，需要获得问卷的全部内容，将获得问卷信息的请求编写在 onLoad() 方法中，在加载页面时调用。其中页面的 onLoad() 代码如下所示。

```
onLoad() {
  const that = this
  wepy.request({url:
'http://www.uneedzf.com/wepyBook/api/questionnaire'}).then((res) => {
    if (res.data.code === 0) {
      that.questionnaireData = res.data.data.data
      that.q_id = res.data.data.q_id
      that.$apply()
    } else {
      wepy.showModal({
        title: '错误',
        content: res.data.message
      })
    }
  })
}
```

将获得的问卷问题写入页面数据 questionnaireData 中，并且将唯一标识写入页面数据 qid 中。服务器提供的问卷数据包含问卷的 id、问卷问题 name（作为发送数据时的 key 值）、问题内容、问题类型（三种：单选 choice、多选 checkbox、输入 input）、问题答案选项（如果是非输入题目）。

根据问题类型的不同，显示在页面上的效果也是不同的，这里使用<wx:if>判断，其模板部分的代码如下所示。

```
<template>
 <view class="content">
   <repeat for="{{questionnaireData}}" item="item">
    <view style="padding-bottom: 10vw">
```

```
        <view>{{item.id}}、{{item.question}}</view>
        <view wx:if="{{item.type=='input'}}">
          <input style="border: 1rpx solid #c9c9c9;padding: 10rpx;margin-top: 10rpx" id="{{item.name}}"
                 bindinput="bindKeyInput" placeholder="请填写"/>
        </view>
        <view wx:if="{{item.type=='checkbox'}}">
          <checkbox-group id="{{item.name}}" bindchange="checkboxChange">
            <repeat for="{{item.answer}}" item="answerItem">
              <view style="padding: 10rpx">
                <checkbox id="{{answerItem.key}}" value="{{answerItem.value}}"/>
                {{answerItem.key}}.{{answerItem.value}}
              </view>
            </repeat>
          </checkbox-group>
        </view>
        <view wx:else>
          <radio-group id="{{item.name}}" class="radio-group" bindchange="radioChange">
            <repeat for="{{item.answer}}" item="answerItem">
              <view style="padding: 10rpx">
                <radio id="{{answerItem.key}}" value="{{answerItem.value}}"/>
                {{answerItem.key}}.{{answerItem.value}}
              </view>
            </repeat>
          </radio-group>
        </view>
      </view>
    </repeat>
    <button @tap="submitQuestionnaire"
            style="width: 50vw;font-size: 30rpx">提交
    </button>
  </view>
</template>
```

对于使用本地服务器测试的开发者而言，要注意在小程序的配置中一定要勾选不校验合法域名等选项，如图5-9所示。

第 5 章 实战：问卷小程序

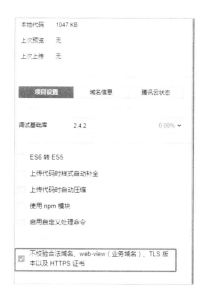

图 5-9 开发配置

对于使用了公共 API 地址的开发者而言，也可以勾选这条配置，或者如果拥有正式小程序 APPID，可以登录其后台配置域名，选择"开发"→"开发设置"→"服务器域名配置"，如图 5-10 所示。

图 5-10 配置域名

等待小程序成功运行后，可以打开开发工具查看其显示效果，如图 5-11 所示。

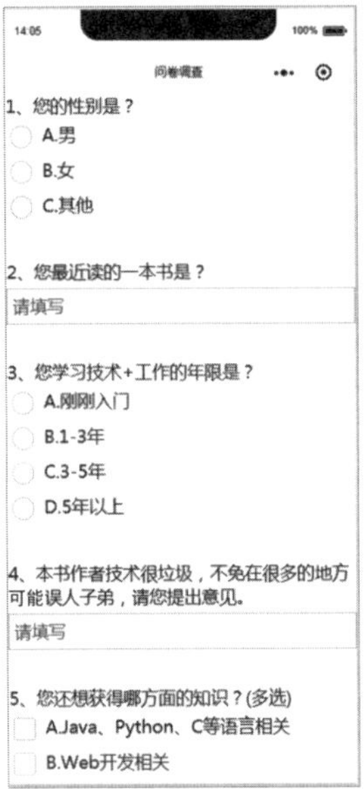

图 5-11　问卷调查显示效果

当然，如上述代码所示，每一个相同类型表单的输入均绑定了一个统一的输入方法，但是对于这个方法而言，应当如何完成不同 key 值的赋值呢？可以巧妙地使用字符串和对象互转的特性对页面数据 tempData 进行赋值，其代码如下所示。

```
// 在答案中增加参数
changeData(id, data) {
  let tempArray = JSON.parse(this.tempData)
  tempArray[id] = data
  // console.log(temp_array)
  this.tempData = JSON.stringify(tempArray)
  this.$apply()
}
```

methods 中有 3 个绑定方法和单击提交按钮绑定的提交事件，要调用提交问卷方法，如下所示，这里分为 3 个方法是为了方便理解，其实也可以统一为一个 bindInput 方法。

```
methods = {
  submitQuestionnaire() {
    this.submit()
  },
```

```
    bindKeyInput(e) {
      this.changeData(e.target.id, e.detail.value)
    },
    radioChange(e) {
      this.changeData(e.target.id, e.detail.value)
    },
    checkboxChange(e) {
      this.changeData(e.target.id, e.detail.value)
    }
}
```

当用户完成了问卷的填写,单击"提交"按钮,将用户填写的数据发送至服务器端 API,提交方法如下所示。

```
// 提交问卷
submit() {
  wepy.request({url: 'http://www.uneedzf.com/wepyBook/api/questionnaire',
method: 'post',data:{data:JSON.parse(this.tempData),q_id:this.q_id}}).then
((res) => {
    wepy.showModal({
      title: '提示',
      content: res.data.message
    })
  })
}
```

这样,就完成了一个最简单的问卷调查系统,具有最简单的获取问卷和提交问卷的功能,提交问卷成功如图 5-10 所示。

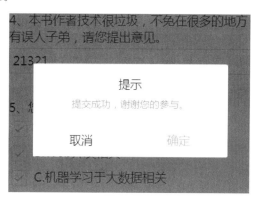

图 5-12 提交问卷成功

5.3 小结和练习

5.3.1 小结

本章实践了第一个完整的小程序前端和后端 API 的编写，虽然功能很简单，但是非常实用。通过本章的实践，可以练习和深入理解表单提交的内容，也可以加深对于表单数据储存的理解。

5.3.2 练习

通过阅读本章节：

- 根据实例使用 WePY 开发一个问卷系统。
- 对写在一个页面中的代码进行优化，实现组件化。
- 如果有精力和兴趣，可以自行学习后台 API 部分的开发。

第 6 章
实战：摇一摇游戏

本章讲解小程序摇一摇游戏的实现，仿照了很多派对或者公司年会时的摇一摇小程序。

本章涉及的知识点如下：

- 如何实现摇一摇功能。
- 如何实现简单的排行榜功能。
- 如何使用定时器。
- 如何在小程序中绘制图表。

6.1 项目分析

摇一摇是微信从上线至今都非常受欢迎的功能，不仅包括摇一摇交友这样的互动方式，春节晚会、摇红包等活动也层出不穷，这使得摇手机这个本身无意义的举动在这个功能中变得非常有趣。

摇一摇功能的实现，得益于现代智能手机中的传感器，这也是体感游戏最原始的一种玩法。

6.1.1 摇一摇功能分析

小程序中的摇一摇功能，其实只需要一个简单的传感器就可以完成，即加速度传感器。

加速度传感器是一种能够测量加速度的传感器，通常由质量块、阻尼器、弹性元件、敏感元件和适调电路等部分组成。传感器在加速过程中，通过对质量块所受惯性力的测量，利用牛顿第二定律获得加速度值。根据传感器敏感元件的不同，常见的加速度传感器包括电容式、电感式、应变式、压阻式、压电式等。

一般而言，手机设备中的加速度传感器可以检测上、下、左、右的倾角变化，可用于手机游戏、拍照、设备姿势检测等。

小程序对加速度传感器进行了封装，使开发者不用操作加速度传感器本身，仅需要调用 3 个方法，就可以获得当前手机加速度器的情况和当前角度的值。这 3 个方法是：

- wx.stopAccelerometer(Object object)
- wx.startAccelerometer(Object object)
- wx.onAccelerometerChange(function callback)

摇一摇的基本功能，就是判断当前手机的状态是在摇动着还是平稳中。也就是说，在用户进入当前页面时：

- 使用 wx.startAccelerometer(Object object)打开对该传感器的记录和监听。
- 在 wx.onAccelerometerChange(function callback)这个 API 下监听变化状态，如果认为其摇动，数量加成，等待时间结束，返回数据。
- 在界面关闭或者游戏结束时，调用 wx.stopAccelerometer(Object object)关闭加速度传感器。

摇一摇中的请求均可以使用接口轮询的方式访问服务器，不使用 socket 的方式。这样也方便后台服务器的接口代码编写。使用轮询的方式，就一定会使用小程序中的定时器等。

小程序的定时器和 JavaScript 的定时器一样，一般分为两种。

第一种，设定一个定时器，按照指定的周期（以毫秒计）来执行注册的回调函数，用于重复执行的内容，代码如下所示。

```
number setInterval(function callback, number delay, any rest)
// 使用
let timer = setInterval(
```

```
()=>{
    // 需要执行的代码
},1000
)
```

使用该定时器执行的函数代码，可以使用 clearInterval(number intervalID)方法取消，也就是说，对于上述 1 秒执行一次的代码，可以通过如下代码停止执行。

```
// 传入要取消的定时器的 ID
clearInterval(timer)
```

第二种，设定一个定时器，在定时结束以后执行注册的回调函数，也就是延迟一定时间执行，代码如下所示。

```
number setTimeout(function callback, number delay, any rest)
// 使用
let timer = setTimeout (
()=>{
    // 需要执行的代码
},1000
)
```

同样，这个延迟定时器会在延迟 1 秒后执行函数规定的代码，也存在相应的代码停止执行方法，使用 clearTimeout(number timeoutID)方法取消延迟定时器的执行，代码如下所示。

```
// 传入要取消的定时器的 ID
clearTimeout (timer)
```

本章项目的轮询和延迟开始等功能会大量使用这两个定时器的相关内容。

6.1.2 摇一摇项目规划

本实例不涉及用户的 openid 登录等内容，仅通过用户输入的手机号码和一开始输入的参与码进行判定，可以使用测试号完成该小程序的开发，而不用注册真实 APPID。

在进入小程序时需要选择是创建一个新游戏还是参与一个游戏，需要输入两个用户信息相关的内容：

- 首先是用户的手机号，用于将来联系用户和用户单一识别。
- 其次是一个参与码，这个码意味着用户参与的是哪一次的摇一摇游戏，或者创建的游戏参与码是多少。

游戏时间的配置，需要一个小于 1 分钟的值，设定基本的单位为秒，可以通过这个时间设定一个游戏的结束时间。这个值只能设置一次，一个游戏时间针对一个参与码，只能由之前创建游戏参与码的人设置。

游戏的开始时间在创建者的设备中通过一个按钮控制，其他设备通过轮询的方式查询和读取接口，定时一致。因为并非网络游戏等实时性质极强的游戏，所以较小的延迟不会影响游戏的体验。

等到本机的所有计时结束，会返回给服务器相关的数据值，在有效时间内可以记录在数据库中，如果超出了有效时间，认为成绩无效。

最后将所有的数据传输给各个参与的设备，完整的逻辑如图 6-1 所示。

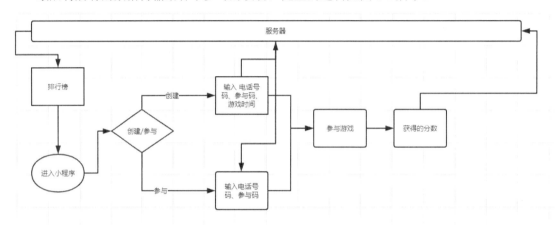

图 6-1　完整的逻辑

6.1.3　摇一摇接口定义

根据 6.1.2 节的规划，摇一摇小程序需要以下接口：

- 用户参与活动时的手机信息和参与码信息的接收接口，在此接口中同时会获得活动的时长。
- 用户创建活动时手机信息及参与码和时长相关的接口。
- 用户单击游戏开始的接口。
- 所有用户接收到游戏开始信息的接口。
- 用户返回摇动相关数据的接口。
- 用户在所有数据传输结束后根据参与码信息返回该参与码中的参与排行榜的人次、手机号码和摇动次数的接口。

可以在后台的服务器端提供 6 个接口，具体的接口和说明如表 6-1 所示。

表 6-1 摇一摇游戏接口和说明

接 口 地 址	接 口 说 明
activity/join	POST方式，用户参与活动的接口
activity/create	POST方式，用户创建的接口
activity/start/{变量}	游戏正式开始的接口
activity/getStart/{变量}	所有终端请求开始内容的接口
activity/saveData	POST方式，用户参加活动的数据
activity/getData/{变量}	获得所有用户游戏结束后的排行榜数据

6.2 项目编码

本节开始项目的具体编码，项目后台服务器依旧使用 Laravel 框架，同时因为本章的实例不涉及用户登录内容，所以本例同时也提供线上测试的地址。

6.2.1 摇一摇小程序的后台

依旧在之前的 Laravel 项目中编写。

（1）该项目的项目路由规划，根据上一节中的路由定义，首先在 RouteServiceProvider.php 文件中定义一个新的路由文件，代码如下所示。

```
// 摇一摇用户请求
Route::prefix('shake/api')
    ->middleware('api')
    ->namespace($this->namespace)
    ->group(base_path('routes/shake.php'));
```

（2）在 routes 文件夹下新建 shake.php 文件，并且将上一节中指定的路由定义在文件中，代码如下所示。

```
<?php
Route::group(['namespace' => 'Shake\Api'], function () {
    // 参与
    Route:: post('activity/join', 'IndexController@join');
    // 创建
    Route:: post('activity/create', 'IndexController@create');
    // 游戏开始的接口
```

```
    Route:: get('activity/start/{create_id}', 'IndexController@start');
    // 用户获得开始的接口
    Route:: get('activity/getStart/{join_id}', 'IndexController@getStart');
    // 用户参加活动的数据
    Route::post('activity/saveData', 'IndexController@saveData');
    // 排行榜数据
    Route:: get('activity/getData/{code}', 'IndexController@getData');
});
```

这 6 个相关的接口均将路由的请求转发到了对应的 IndexController 中,其中参与活动、创建活动和最后的提交数据都采用 POST 形式,其他均为 GET 形式,并且其参数直接放在路径代码中。

(3) 编写相应的控制器,在 APP 文件夹中创建 Http\Contoller\Shake\Api\IndexController.php 文件,并且初始化基本的控制器代码,如下所示。

```php
<?php

namespace App\Http\Controllers\Shake\Api;

use App\Model\ShakeActivity;
use App\Model\ShakeJoin;
use App\Traits\Common;
use Illuminate\Http\Request;
use App\Http\Controllers\Controller;

class IndexController extends Controller
{
    use Common;
}
```

(4) 本节的对应控制器中依旧使用了之前章节编写的 Common.php 中的统一返回方法,代码如下所示。

```php
<?php
namespace App\Traits;
trait Common
{
    function apiReturn($code = 0, $data = [], $message = '')
    {
        $returnObj = [
            'code' => $code,
            'data' => $data,
```

```
            'message' => $message
        ];
        return response()->json($returnObj);
    }
}
```

（5）创建数据表。本项目需要创建两张表：一张用于存储每一次活动进行时的相关内容，另一张用于存储所有的用户参与信息。

项目表保存该活动对应的参与码和当前活动是否开始、结束等信息，字段和说明如图 6-2 所示。

名	类型	长度	小数点	不是 null	键	注释
id	int	11	0	✓	1	主键id
code	varchar	255	0	✓		创建的参与码
is_over	int	1	0	✓		是不是已经结束，0为未开始，1为开始，2为结束
time	int	3	0	✓		整数，游戏持续的秒数
start_time	int	11	0			记录时间戳，游戏点击开始时的时间
created_at	timestamp	0	0			
updated_at	timestamp	0	0			

默认：
☑ 自动递增
☐ 无符号
☐ 填充零

图 6-2　项目表字段和说明

注意：对于指定不为空的内容需要设置其默认值，或者在后台代码中默认填充，否则会出现数据库错误。

当然，创建完成相应的表结构，也应该在 Laravel 中创建一个简单的 Model，在 Model 文件夹中新建 ShakeActivity.php 文件，和该表绑定，代码如下所示。

```
<?php

namespace App\Model;
use Illuminate\Database\Eloquent\Model;

class ShakeActivity extends Model
{
```

```
    protected $table = 'wx_shake_activity';
}
```

另一张表用于存储所有参与活动的用户数据,包括这个用户的参与码、手机号码和摇动次数等,如图 6-3 所示。

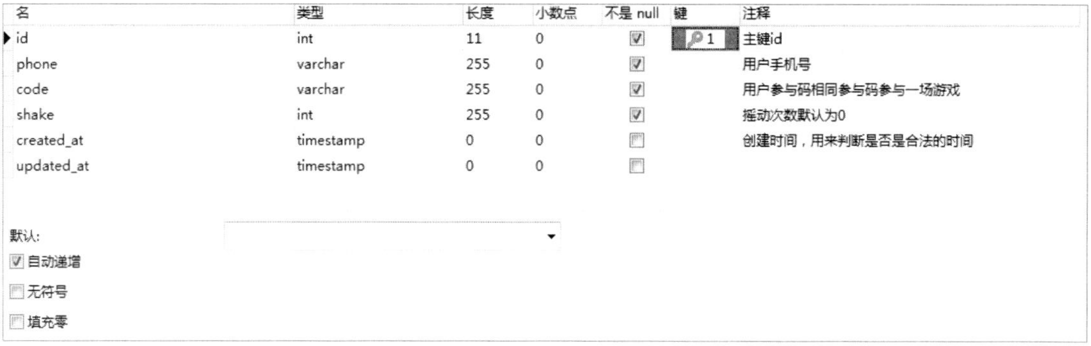

名	类型	长度	小数点	不是 null	键	注释
id	int	11	0	✓	🔑1	主键id
phone	varchar	255	0	✓		用户手机号
code	varchar	255	0	✓		用户参与码相同参与码参与一场游戏
shake	int	255	0	✓		摇动次数默认为0
created_at	timestamp	0	0			创建时间,用来判断是否是合法的时间
updated_at	timestamp	0	0			

默认:
☑ 自动递增
☐ 无符号
☐ 填充零

图 6-3 另一张表

同样为这张表创建一个对应的 Model 文件,在 Model 文件夹下创建一个文件 ShakeJoin.php,完整的代码如下所示。

```
<?php

namespace App\Model;
use Illuminate\Database\Eloquent\Model;
class ShakeJoin extends Model
{
    protected $table = 'wx_shake_join';
}
```

这样就可以在控制器中使用这两个 Model 操作及读写数据库了。

(6)新建一个摇一摇活动,在 IndexController.php 中创建一个方法 create(),完整的代码如下所示。

```
/**
 * @param Request $request
 * @return \Illuminate\Http\JsonResponse
 * 创建方法
 */
public function create(Request $request)
```

```php
{
    $phone = $request->input('phone');
    $code = $request->input('code');
    $time = $request->input('time');
    $sj = ShakeActivity::where('code', $code)->first();
    if ($sj) {
        return $this->apiReturn(1, [], '已经有相同邀请码的游戏');
    }
    if ($phone && $code && $time) {
        // 创建新活动
        $sa = new ShakeActivity();
        $sa->code = $code;
        $sa->is_over = 0;
        $sa->time = $time;
        $sa->save();
        // 同时成为参与者
        $sj = new ShakeJoin();
        $sj->phone = $phone;
        $sj->code = $code;
        $sj->shake = 0;
        $sj->save();
        //创建成功返回相关的信息
        return $this->apiReturn(0, ['create_id' => $sa->id, 'code' => $sj->id, 'time' => $sa->time], '创建成功');
    } else {
        return $this->apiReturn(1, [], '字段不完整');
    }
}
```

上述代码首先对小程序端发送的数据内容进行查询,该路由需要 3 个相关的参数:用户参与的电话号码、创建的时间和创建的参与码。查看是否存在不会重复的邀请码,这里不允许创建相同邀请码的内容。其次创建一条新的摇一摇活动,并且在用户参与信息表中记录该用户的信息。

使用 postman 进行测试,如图 6-4 所示,通过输入路由地址和相应的参数,可以获得创建成功的提示。

图 6-4 postman 接口测试

该接口会返回 3 个有关的参数，如表 6-2 所示。其中 join_id 和 user_id 均用于识别用户参与的活动内容，time 作为游戏本地计时参数，需要保存在小程序中。

表 6-2 返回参数说明

字 段 名 称	类 型	说 明
join_id	int	活动表的id
user_id	int	参与用户表的id
time	string	活动摇动时间，单位为秒

创建成功一个游戏后，如何加入一个已经创建的游戏中呢？加入路由需要在 IndexController 中新增 join()方法，完整的代码如下所示。

```php
/**
 * @param Request $request
 * @return \Illuminate\Http\JsonResponse
 * 参与方法
 */
public function join(Request $request)
{
    $phone = $request->input('phone');
    $code = $request->input('code');
    if ($code && $phone) {
        $sa = ShakeActivity::where('code', $code)->first();
        if(!$sa){
            return $this->apiReturn(1, [], '错误的参与码');
```

```
            }
            if ($sa->is_over == 0) {
                // 同时成为参与者
                $sj = new ShakeJoin();
                $sj->phone = $phone;
                $sj->code = $code;
                $sj->shake = 0;
                $sj->save();
                return $this->apiReturn(0, ['join_id' => $sa->id, 'user_id' =>
$sj->id, 'time' => $sa->time], '参与成功');
            } else {
                return $this->apiReturn(1, [], '活动已开始或结束');
            }
        } else {
            return $this->apiReturn(1, [], '字段不完整');
        }
    }
```

上述代码首先判断用户输入数据的完整性，然后在活动的相关数据库中搜索，不允许用户参与不存在的活动、已经结束的活动或没有开始的活动。如果用户参加了一项已经开始的活动，则返回加入成功，并且返回和之前创建时一样的字段内容，以供其他接口显示。

注意：这里创建和返回的内容字段均一致，这意味着创建用户的判断需要在小程序端识别本地记录。

使用 postman 测试，如果输入一个不存在的参与码，提示错误，如图 6-5 所示。

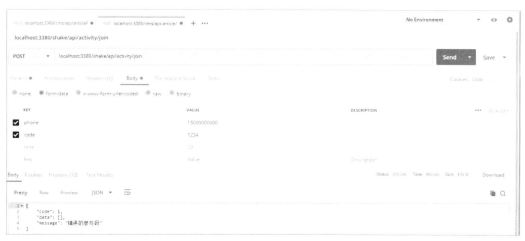

图 6-5　错误信息的返回

如果输入正确的参与码，就会显示参与成功。同时，这个接口暂时没有指定手机号码的唯一性，也就是说同一个手机号码也可以多次参加同一场活动，如图6-6所示。

图 6-6　参与成功

该游戏的创建者可以开启整个游戏，单击"开始"按钮请求服务器的开始方法，在IndexController.php 中编写一个 start()方法实现这个开始方法。当用户请求该方法时，记录开始时间，用于之后的成绩判断内容，活动本身更新状态为 1（进行中），代码如下所示。

```php
/**
 * @param $create_id
 * @return \Illuminate\Http\JsonResponse
 * 控制开始的方法
 */
public function start($create_id)
{
    $sa = ShakeActivity::find($create_id);
    if($sa){
        $sa->is_over = 1;
        $sa->start_time = time();
        $sa->save();
        return $this->apiReturn(0, [], '开始成功');
    } else {
        return $this->apiReturn(1, [], '错误的参与码');
    }
}
```

使用 postman 测试，请求相应的地址，即可开启这次活动，这个接口不会返回任何数据，只提示相关信息，如图 6-7 所示。

图 6-7　开始成功

通知所有的客户端成功的信息接口，是通过不断对 getStart()接口的请求获得的，其代码会获得当前数据库中的活动起始状态，同时返回所有的状态（无论结束还是进行中），如下所示。

```
/**
 * @param $join_id
 * @return \Illuminate\Http\JsonResponse
 * 获得已经开始的方法
 */
public function getStart($join_id)
{
    $sa = ShakeActivity::find($join_id);
    return $this->apiReturn(0, ['is_over' => $sa->is_over], '查询成功');
}
```

使用 postman 测试，请求相应的地址，获得这次活动是否开启等当前信息，如图 6-8 所示。

图 6-8　查询活动状态

当查询出来开始状态 is_over 为 1 时，说明该活动已经开始，同时客户端的小程序开始计时。

这个项目的整个摇动过程都是在小程序端进行的，数据并不会同步发送至项目中，所以在小程序本地计时结束之后，会将该用户的数据发送至服务器相关路由，代码如下所示。

```php
/**
 * @param Request $request
 * @return \Illuminate\Http\JsonResponse
 * 保存最后的摇动记录
 */
public function saveData(Request $request)
{
    $shake = $request->input('shake');
    $code = $request->input('code');
    $user_id = $request->input('user_id');
    $sa = ShakeActivity::where('code', $code)->first();
    if ($sa->is_over == 2 || $sa->start_time + $sa->time + 10 > time()) {
        // 没有超时，认为成绩有效
        $sj = ShakeJoin::find($user_id);
        if (!$sj) {
            return $this->apiReturn(0, [], '您没有参与该活动');
        }
        $sj->shake = $shake;
        $sj->save();
        return $this->apiReturn(0, [], '成绩上传成功，等待 10s 查看结果');
    } else {
        if ($sa->is_over != 2) {
            $sa->is_over = 2;
            $sa->save();
        }
        return $this->apiReturn(0, [], '成绩超时无效');
    }
}
```

该接口的代码，在上传用户摇动数据的同时判断时间，如果超过 10 秒，上传的成绩被认为是无效的，并且会将该参与码对应的活动的状态改变为结束（is_over 为 2）。

需要提交的数据参数如表 6-3 所示。

表 6-3　数据参数

请 求 参 数	类　　型	说　　明
code	int	之前在参与时输入的参与码
shake	int	用户的摇一摇数目
user_id	int	用户对应的唯一id，唯一识别符

使用 postman 测试，超时提示如图 6-9 所示。

图 6-9　超时提示

因为数据已经超过了时间期限，所以该数据内容也更改为了状态为 2，即该活动已经结束，如图 6-10 所示。

图 6-10　已结束的活动

如果是在有效日期内提交，则会返回提交成功的提示，如图 6-11 所示，等收到提示后无论是否成功，将会在一定时间后统一获得当前参与码对应的排行榜数据。

图 6-11　成绩上传成功

最终排行榜的获取代码非常简单,取出所有参与者的数据,进行简单的排序后返回,如下所示。

```
/**
 * @param $code
 * @return \Illuminate\Http\JsonResponse
 * 获得所有的排行榜
 */
public function getData($code)
{
    $sj = ShakeJoin::where('code', $code)->orderBy('shake', 'desc')->get();
    return $this->apiReturn(0, $sj);
}
```

这个路由的参数要求是之前的参与码,通过参与码查询出全部的参与者数据,并且返回给小程序。使用 postman 测试,如图 6-12 所示。

第 6 章 实战：摇一摇游戏

图 6-12 返回排行榜数据

6.2.2 摇一摇小程序的首页

使用 WePY 初始化一个新的工程，使用 npm install 安装相关的依赖项，最后使用 wepy build – watch 监听编译工程，并且使用微信开发者工具打开这个小程序工程，修改 app.wpy 中的内容，新增 3 个相关的页面，并且开启 promisify 的支持。

app.wpy 中的部分代码如下所示。

```
<script>
// app.js
  import wepy from 'wepy'
  import 'wepy-async-function'
// 整体的页面配置
  export default class extends wepy.app {
    config = {
      pages: [
        'pages/index',
        'pages/input',
        'pages/game',
        'pages/result'
```

• 185 •

```
    ],
    window: {
      backgroundTextStyle: 'light',
      navigationBarBackgroundColor: '#fff',
      navigationBarTitleText: 'WeChat',
      navigationBarTextStyle: 'black'
    }
  }
……
  constructor() {
    super()
    this.use('requestfix')
    this.use('promisify')
  }
……
```

这个小程序中一共有 4 个页面：

- 第 1 个页面是主页部分，有两个选择，一个是创建游戏，一个是加入游戏。
- 第 2 个页面用于填写创建游戏或加入游戏的相关内容，包括电话信息和参与码等。
- 第 3 个页面则是摇一摇游戏的页面。
- 最后一个页面是排行榜，也就是结果页面。

下面编写第 1 个页面，只需要两个按钮和一个标题，代码如下所示。

```
<template>
  <view>
    <view class="title">摇一摇游戏</view>
    <view>
      <button @tap="game(1)" class="button">参与游戏</button>
    </view>
    <view>
      <button @tap="game(2)" class="button">创建游戏</button>
    </view>
  </view>
</template>
```

单击这两个按钮时，会跳转至/pages/input 界面，同时携带一个 type 参数，其参数也就是在页面括号中的内容，会在/pages/input 页面中通过这个参数判断该用户是创建者还是参与者，逻辑部分跳转代码如下所示。

```
<script>
  import wepy from 'wepy'
// 页面代码
  export default class index extends wepy.page {
    config = {
      navigationBarTitleText: '摇一摇'
    }
    components = {}
    data = {}
methods = {
// 跳转监听函数
      game(id) {
        wepy.navigateTo({
          url: '/pages/input?type=' + id
        })
      }
    }
  }
</script>
```

在页面中添加简单的样式效果,代码如下所示。

```
<style lang="less">
  page {
    background: #eeeeee;
  }
  view {
    text-align: center;
    font-size: unit(30, rpx);
    padding: unit(60, rpx);
  }
  .title {
    font-size: unit(60, rpx);
  }
  .button {
    font-size: unit(30, rpx);
    margin-top: 10vh;
  }
</style>
```

小程序的首页已经完成,显示效果如图 6-13 所示,单击两个按钮都可以跳转到下一级页面。

图 6-13 摇一摇首页

6.2.3 摇一摇小程序的填写页面

小程序的第 2 个页面用于填写输入的内容,首先创建页面 input.wpy 文件。该页面会对用户是创建者还是参与者进行区分,显示不同的输入项,通过 wx:if 判断不同的显示项目,代码(包括样式)如下所示。

```
<style lang="less">
  page {
    background: #eeeeee;
  }

  view {
    text-align: center;
    font-size: unit(30, rpx);
    padding: unit(60, rpx);
  }

  input {
    font-size: unit(30, rpx);
    padding: 2vw;
    background-color: white;
    margin-top: 2vw;
```

```
    }
    .button {
      font-size: unit(30, rpx);
      margin-top: 10vh;
    }
</style>
<template>
  <input placeholder="输入电话号码" bindinput="inputPhone">
  <input placeholder="输入参与码" bindinput="inputCode">
  <!--参与者-->
  <block wx:if="{{type==1}}">
    <button @tap="join" class="button">参与</button>
  </block>
  <!--创建者-->
  <block wx:if="{{type==2}}">
    <input placeholder="输入游戏时间" bindinput="inputTime">
    <button @tap="create" class="button">创建</button>
  </block>
</template>
```

这样在 onLoad 中判断页面参数后,设置其页面变量的值,通过不同的按钮进入该页面中显示效果也不一样。通过"参与"按钮进入会显示两个输入框和"参与"按钮,如图 6-14 所示。

图 6-14　参与页面

通过"创建"按钮会进入创建页面，显示 3 个输入框和"创建"按钮，如图 6-15 所示。

图 6-15 创建游戏

此页面因为涉及对服务器的相关请求，所以需要引入之前讲解过的请求代码 wxCommon，以及一个常用的代码包 wxCommonUtil。页面基本代码如下所示。

```
<script>
  import wepy from 'wepy'
  import wxCommon from '../mixins/wxCommon'
  import wxCommonUtil from '../mixins/wxCommonUtil'
// 页面代码
  export default class input extends wepy.page {
    config = {
      navigationBarTitleText: '摇一摇'
    }
    components = {}
    data = {
      phone: '',
      code: '',
      time: 0,
      type: 1
}
// 引入的 JavaScript 文件
```

```
    mixins = [wxCommon, wxCommonUtil]
    onLoad(options) {
      this.type = options.type
      this.$apply()
    }
  }
</script>
```

存放在 mixins 文件夹中的两个 JavaScript 文件如下。

（1）wxCommon 封装了用户的登录和服务器端的请求，本小程序没有使用登录内容，所以只有相应的请求方法即可。

（2）wxCommonUtil.js 中放置了一个简单的检测手机号是否正确的方法，代码如下所示。

```
import wepy from 'wepy'
// wx 中常使用的内容
export default class wxCommonUtil extends wepy.mixin {
// 检测手机
  checkPhone(phone) {
    // console.log(phone)
    // 手机号正则
    let phoneReg = /(^1[2|3|4|5|6|7|8|9]\d{9}$)|(^09\d{8}$)/
    // 电话
    if (!phoneReg.test(phone)) {
      return false
    } else {
      return true
    }
  }
}
```

本页面一共有 3 个输入框，在页面的 methods 对象中应当有 3 个对应的绑定方法，代码如下所示。

```
  methods = {
    // 电话号码
    inputPhone(e) {
      this.phone = e.detail.value
      this.$apply()
    },
    // 参与者号码
    inputCode(e) {
```

```
      this.code = e.detail.value
      this.$apply()
    },
    // 输入活动时间
    inputTime(e) {
      this.time = e.detail.value
      this.$apply()
    },
}
```

这样，用户在这 3 个输入框中的任何一个中输入内容都会同步更新到页面变量中，该页面还剩一个创建方法和一个参与方法，其中"创建"按钮绑定的方法为 create()，完整的代码如下所示。

```
// 创建游戏
create() {
  // 检测电话内容
  const that = this
  if (this.checkPhone(this.phone)) {
    that.userRequest('/shake/api/activity/create', 'post', {
      phone: that.phone,
      time: that.time,
      code: that.code
    }, function (res) {
      if (res.data.code === 0) {
        wepy.navigateTo({
          url: '/pages/game?type=admin&code=' + that.code
        })
        wepy.setStorageSync('game', res.data.data)
      }
      wepy.showModal({
        title: '提示',
        content: res.data.message
      })
    })
  } else {
    wepy.showModal({
      title: '错误',
      content: '电话输入错误'
    })
  }
},
```

这里用到了电话号码检测方法，当用户输入的号码没有问题时，发送相关的内容至服务器创建游戏，如果创建成功，将所有返回的内容保存在小程序的存储中，并且同时页面跳转至 game 页面。因为是创建者，所以携带一个 type，值为 admin，而另一个参数是参与码 code，用于获取之后的排行榜数据。测试该功能是否可以创建一个游戏，如图 6-16 所示。

图 6-16　创建成功

如果是参与用户，通过请求参与接口参与活动，绑定方法 join()，具体代码如下所示。

```
// 参与游戏
join() {
  // 检测电话内容
  if (this.checkPhone(this.phone)) {
    that.userRequest('/shake/api/activity/join', 'post', {
      phone: that.phone,
      code: that.code
    }, function (res) {
      if (res.data.code === 0) {
        wepy.navigateTo({
          url: '/pages/game?code=' + that.code
        })
        wepy.setStorageSync('game', res.data.data)
      }
      wepy.showModal({
        title: '提示',
        content: res.data.message
      })
    })
  } else {
    wepy.showModal({
      title: '错误',
```

```
        content: '电话输入错误'
      })
    }
  }
```

同样，也可以输入刚刚创建的游戏参与码"1234"，加入该游戏同时也跳转页面，如图 6-17 所示。

图 6-17　加入游戏成功

6.2.4　摇一摇小程序的摇动页面

这次跳转的页面是该小程序最重要的一个页面内容，即对于摇一摇传感器的检测，以及对开始接口的轮询等。

首先创建页面 game.wpy 文件，基本的页面样式如下代码所示，通过页面参数控制"开始"按钮的显示与否，同时引入请求服务器的相关代码。为了摇一摇用户感官上的体验，在样式中增加了简单的摇动动画，在用户摇一摇时触发，可以通过切换不同的样式显示不同的动画效果。

```
<style lang="less">
  page {
    background: #979797;
  }

  view {
    text-align: center;
    font-size: unit(30, rpx);
    padding: unit(60, rpx);
  }

  .button {
```

```
    font-size: unit(30, rpx);
    margin-top: 80vh;
  }

  @keyframes sh2 {
    0% {
      transform: rotate(15deg);
    }
    50% {
      transform: rotate(-15deg);
    }
    100% {
      transform: rotate(15deg);
    }
  }

  @keyframes sh1 {
    0% {
      transform: rotate(8deg);
    }
    50% {
      transform: rotate(-8deg);
    }
    100% {
      transform: rotate(8deg);
    }
  }

  .animation {
  }
  .animation1 {
    animation: sh1 2000ms ease infinite;
  }
  .animation2 {
    animation: sh2 2000ms ease infinite;
  }
</style>
<template>
  <image class="{{animation}}" src="../public/shake.jpg" mode="widthFix"
         style="position: absolute;bottom: 30vh;width: 100vw"></image>
  <button wx:if="{{showStart}}" @tap="start" class="button">开始</button>
```

```
</template>
<script>
// 页面代码
  import wepy from 'wepy'
  import wxCommon from '../mixins/wxCommon'

  export default class game extends wepy.page {
    config = {
      navigationBarTitleText: '摇一摇'
    }
components = {}
// 页面数据
    data = {
      number: 0,
      code: '',
      showStart: false,
      animation: 'animation',
      timer: {}
}
// 引入的 JavaScript
    mixins = [wxCommon]
}
```

如果用户通过创建的方式进入该页面，即创建者，具有开启游戏的权限，如果用户通过参与码进入该页面，会提示等待中，onLoad()代码如下所示。

```
    onLoad(options) {
      const that = this
      wepy.showLoading({
        title: '等待开始'
      })
      if (options.type === 'admin') {
        // 创建者
        wepy.hideLoading()
        this.showStart = true
      } else {
        that.timer = setInterval(() => {
          that.getStart()
        }, 2000)
      }
      this.code = options.code
      this.$apply()
    }
```

如果是创建者进入该页面，如图 6-18 所示。

图 6-18　创建者界面

如果是参加者进入该界面，会自动提示等待，并且循环请求服务器，如图 6-19 所示。

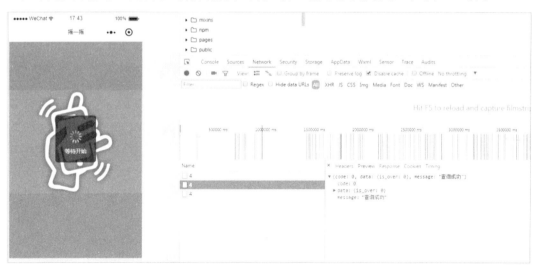

图 6-19　循环查询

循环服务器查询方法 getStart()的代码如下所示,当后台返回的数据是已经开始时,停止之前定时执行的方法,执行开始游戏的方法。

```
// 定时取得是否已经开始
getStart() {
  const that = this
  const game = wepy.getStorageSync('game')
  that.userRequest('/shake/api/activity/getStart/' + game.join_id, 'get', {}, function (res) {
      if (res.data.code === 0) {
        if (res.data.is_over === 1) {
          // 停止该定时器
          clearInterval(that.timer)
          that.gameStart()
        }
      } else {
        wepy.showModal({
          title: '提示',
          content: res.data.message
        })
      }
  })
}
```

同理,如果是创建者单击"开始"按钮,则执行页面中的start()绑定事件,向服务器发送开始请求,当开始成功时执行开始游戏的代码,如下所示。

```
methods = {
  start() {
    const that = this
    // 从存储中取得数据
    const game = wepy.getStorageSync('game')
    that.userRequest('/shake/api/activity/start/' + game.join_id, 'get', {}, function (res) {
        if (res.data.data.is_over === 0) {
          that.gameStart()
        }
        wepy.showModal({
          title: '提示',
          content: res.data.message
```

```
        })
      })
    }
  }
```

在用户单击"开始"按钮或者从服务器中获得相应的开始信息后，执行 gameStart()方法，游戏开始的代码如下所示。

```
    // 游戏开始
gameStart() {
    const game = wepy.getStorageSync('game')
    const that = this
    wepy.showLoading({
      title: '10s 后开始'
    })
    setTimeout(() => {
      // 启用传感器
      wx.startAccelerometer({
        interval: 'ui'
      })
      that.getShakePhone()
      wepy.showToast({
        title: '开始!'
      })
      that.number = 0
      that.$apply()
      that.overGame(game.time)
    }, 5000)
}
```

游戏会显示一个 5 秒的延迟开始信息，等待 5 秒会自动开始游戏，开启一个新方法 overGame()用来结束游戏，结束对传感器的监听，发送用户摇一摇的数据至相关的服务器，代码如下所示。

```
// 结束游戏
  overGame(time) {
    const that = this
    setTimeout(() => {
      // 停止对于传感器的监听
      wx.stopAccelerometer()
      wepy.showToast({
        title: '结束!'
      })
```

```
      // 上传数据内容
      that.sendUserInfo()
    }, time * 1000)
  }
  sendUserInfo() {
    const that = this
    const game = wepy.getStorageSync('game')
    that.userRequest('/shake/api/activity/saveData', 'post', {
      shake: that.number,
      code: that.code,
      user_id: game.user_id
    }, function (res) {
      if (res.data.code === 0) {
        wepy.navigateTo({
          url: '/pages/result?code=' + that.code
        })
      }
      wepy.showModal({
        title: '提示',
        content: res.data.message
      })
    })
  }
```

等待摇一摇游戏结束后，会自动跳转至排行榜的页面 result.wpy 中，如图 6-20 所示。

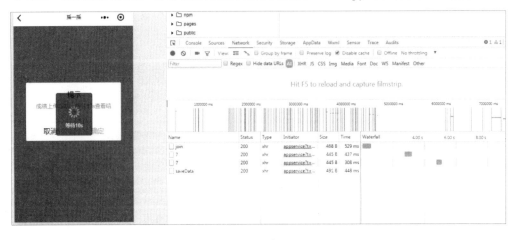

图 6-20　主机开始

在摇动时会自动调用 getShakePhone()方法中的传感器监控，它对不同的摇动设置了分级，小摇动和大摇动会返回不同的数值，当用户摇动触发相应的级别后，会对摇动数值进行求和，相关代码如下所示。

```
// 摇动手机
getShakePhone() {
  const that = this
  wx.onAccelerometerChange(function (e) {
    console.log(e.x)
    console.log(e.y)
    console.log(e.z)
    if (e.x < 0.3 && e.y < 0.3) {
      that.showAnimation(0)
    } else if (e.x < 1 && e.y < 1) {
      that.showAnimation(1)
    } else if (e.x > 1 && e.y > 1) {
      that.showAnimation(2)
    }
  })
}

// 手机动画
showAnimation(level) {
  switch (level) {
    case 1:
      this.animation = 'animation1'
      this.number = this.number + 1
      wx.vibrateShort()
      break
    case 2:
      this.animation = 'animation2'
      this.number = this.number + 1
      wx.vibrateLong()
      break
    default:
      this.animation = 'animation'
  }
  console.log(this.number)
  this.$apply()
}
```

上述代码不仅对摇动的数量进行了求和，更为不同摇动设置了相关的动画显示，摇动时打印调试，如图 6-21 所示。

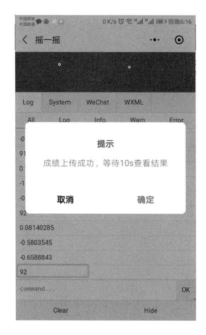

图 6-21　摇动调试

6.2.5　摇一摇小程序排行榜

等计时结束后，会自动将所有的用户成绩上传至服务器，而服务器在 10 秒之后也会返回所有的数据内容，页面使用<repeat></repeat>组件循环输出用户的成绩和手机号码，如下代码所示。

```
<style lang="less">
  page {
    background: #eeeeee;
  }

  view {
    text-align: center;
    font-size: unit(30, rpx);
    padding: unit(60, rpx);
  }
</style>
<template>
  <repeat for="{{userData}}" item="item">
    <view>
      {{item.phone}} 摇动次数：{{item.shake}}
```

```
    </view>
  </repeat>
</template>
```

在 game.wpy 页面中，游戏结束后跳转到 result.wpy 页面时携带一个 code 参数，该参数是用户的参与活动参数，在 onLoad()方法中获得该值，通过相关的服务器 API 获得数据，如下代码所示。

```
<script>
  import wepy from 'wepy'
  import wxCommon from '../mixins/wxCommon'

  export default class result extends wepy.page {
    config = {
      navigationBarTitleText: '摇一摇'
    }
    components = {}
    data = {
      userData: []
    }
    mixins = [wxCommon]
    methods = {}
    // 获取排行榜所有的人数
    getResult(code) {
      const that = this
      that.userRequest('/shake/api/activity/getData/' + code, 'get', {}, function (res) {
        if (res.data.code === 0) {
          that.userData = res.data.data
          that.$apply()
        }
      })
    }
    onLoad(options) {
      // 10 秒后获取排行榜所有的人数
      const that = this
      wepy.showLoading({
        title:'等待10s'
      })
      setTimeout(() => {
        wepy.hideLoading()
```

```
            that.getResult(options.code)
        }, 10000)
    }
  }
</script>
```

这样一个简单的摇一摇小程序就完成了，result.wpy 页面的效果如图 6-22 所示。

图 6-22　显示用户的排行榜

6.3　小结和练习

6.3.1　小结

本章学习的内容是一个摇一摇小程序的实现，也相当于对微信传感器内容的学习和练习。

通过本章的学习，相信读者自己也可以开发出一款摇一摇小程序。摇一摇这项功能本身可以用于更多的环境中，比如本章的摇一摇可以和第 9 章的内容结合，实现摇奖或者新年抽签等小程序。

6.3.2 练习

通过本章的学习,希望读者已经了解并学会了传感器内容的开发,可尝试以下练习:

- 对于摇一摇功能的实现,可以优化至更好的参数。
- 有能力的读者可以通过 socket 的方式控制游戏的开始和结束。
- 对于摇一摇中传感器的使用可以扩展到其他传感器的使用,并且可以尝试使用多种传感器合并开发。

第 7 章
实战：百度图片识别 API

本章是对流行功能的一个使用，相对于复杂的大型系统，小程序更多的应用是在有趣的功能和工具上，复杂的逻辑系统或者专业工具并不算特别适合小程序的应用环境，反而一些简单有趣的"小众精品"能在市场上大受欢迎。本章会模仿流行的图片识别工具制作一款小程序。

本章涉及的知识点如下：

- 如何上传和接收图片。
- 获得和使用第三方的 API。

7.1 项目分析

2017 年开始兴起 AI、机器学习等，几乎所有的项目都一窝蜂地进入了 AI 行业。几乎所有的公司都或多或少展开了自己的 AI 和机器学习项目，其实真正能制作硬件和做算法的顶尖公司寥寥无几，为什么所有的项目几乎都涉及了 AI 技术呢？

实际上，是因为有大量的公司和创业者选择了使用大公司提供的 API，而这些 API 封装了好多高级技术。本章就将使用百度提供的机器图片识别 API 制作一款识别小程序。

7.1.1 流行的识别技术

图片识别技术是指利用计算机对图像进行处理、分析和理解，以识别各种不同模式的目标和对象。一般采用工业相机拍摄图片，然后再利用软件根据图片灰阶差做进一步识别处理。

图像识别是人工智能的一个重要领域。为了编制模拟人类图像识别活动的计算机程序，人们提出了不同的图像识别模型。例如模板匹配模型，这种模型认为，识别某个图像，必须在过去的经验中有这个图像的记忆模式，又叫模板。当前的信息如果能与大脑中的模板相匹配，这个图像也就被识别了。例如有一个字母 A，如果在脑中有个 A 模板，字母 A 的大小、方位、形状都与这个 A 模板完全一致，字母 A 就被识别了。这个模型简单明了，也容易在实际中应用。但这种模型强调图像必须与脑中的模板完全符合才能加以识别，而事实上人不仅能识别与脑中的模板完全一致的图像，也能识别与模板不完全一致的图像。例如，人们不仅能识别某一个具体的字母 A，也能识别印刷体的、手写体的、方向不正、大小不同的各种字母 A。同时，人能识别的图像是大量的，如果所识别的每一个图像在脑中都有一个相应的模板，也是不可能的。

原本机器学习和图像识别技术入门都有极高的门槛，并非一般个人或小团队的开发者能用的，但是随着计算机技术的发展，各大厂商为了丰富自己的图源和样本，为开发者提供了大量简单易用的 API 接口，这就使得制作一个相关领域的应用变得异常简单。

7.1.2 功能设计

本小程序只有一个主要功能：对用户上传的图片进行识别。小程序可以支持手机图片的获取操作，可以将图片上传至服务器，同时当服务器返回相关信息后，可以显示在界面上，也就完成了整个小程序的功能。

虽然逻辑非常简单，但考虑到服务器部分需要将图片再次转发至百度相关的 API 中，相当于对图片等信息做了一层转发操作，这也是有点难度的。识别的内容也是通过服务器返回小程序的，基本流程如图 7-1 所示。

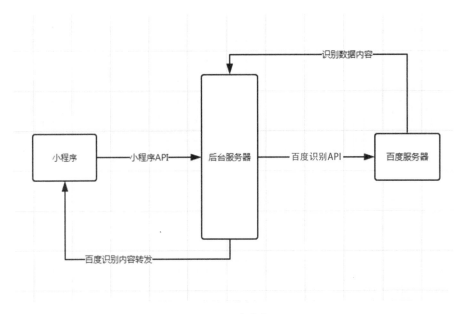

图 7-1 小程序基本流程

7.1.3 路由设计

如图 7-1 所示，已知其流程，路由应当也是非常简单的，只需要一个相关的路由用于发送图片本身，并且获得服务器的返回值。而小程序接收到该返回值前处于等待状态，等到服务器出现返回值后，正确则显示返回值，出现错误则显示相关错误信息。路由定义如表 7-1 所示。

表 7-1 路由定义

路　　由	说　　明
/baidu/api/wx/uploadImg	发送和传输用户图片

7.2 具体编码

本节会开发相关的后台代码和小程序的代码，将涉及百度 API 的使用、如何上传图片、服务器端如何取得图片和百度 API 返回值等内容。

7.2.1 系统后台编码

小程序后台的重点在于百度智能识别 API 的使用，首先登录百度 AI 开放平台：

http://ai.baidu.com/tech/imagerecognition。

如图 7-2 所示，单击"立即使用"按钮，登录个人的百度账号。

图 7-2　百度 AI 智能识别

填写相关的信息后，会自动跳转到管理后台，显示相关的 AI 开发服务器协议，如图 7-3 所示，单击"我已阅读并同意"按钮，进入管理后台。

图 7-3　开发协议

百度智能识别是以应用为单位的，如果需要新的智能识别，需要单击"创建应用"按钮，进入应用创建界面，填写名称和类型，并且勾选需要的接口类型和基本的应用描述，单击"立即创建"按钮即创建完成，然后等待审核，如图 7-4 所示。

图 7-4 创建应用

创建成功并且审核通过后,可以在左侧菜单中查看该应用,我们在小程序中会使用 AppID、API Key 和 Secret Key 这 3 个值,如图 7-5 所示。

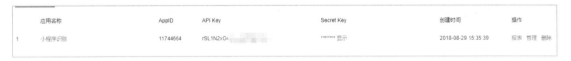

图 7-5 创建的应用

单击该应用,可以看到其提供的 API 列表,也就是一开始创建应用时选择的 API 列表,如表 7-2 所示。

表 7-2 请求API列表

API名称	请求地址	数量限制
通用物体和场景识别高级版	https://aip.baidubce.com/rest/2.0/image-classify/v2/advanced_general	500次/天免费

续表

API名称	请求地址	数量限制
图像主体检测	https://aip.baidubce.com/rest/2.0/image-classify/v1/object_detect	500次/天免费
logo 商标识别-入库	需要用户自建库	500次/天免费
logo 商标识别-检索	需要用户自建库	500次/天免费
logo 商标识别-删除	需要用户自建库	500次/天免费
菜品识别	https://aip.baidubce.com/rest/2.0/image-classify/v2/dish	500次/天免费
车型识别	https://aip.baidubce.com/rest/2.0/image-classify/v1/car	500次/天免费
动物识别	https://aip.baidubce.com/rest/2.0/image-classify/v1/animal	500次/天免费
植物识别	https://aip.baidubce.com/rest/2.0/image-classify/v1/plant	500次/天免费
地标识别	https://aip.baidubce.com/rest/2.0/image-classify/v1/landmark	500次/天免费

如何使用该 API 呢？百度为开发者提供了非常简单的 SDK，这里选择使用 PHP 版本的 SDK 包作为服务器端 SDK 的使用版本，如图 7-6 所示。下载地址：https://ai.baidu.com/sdk#vis。

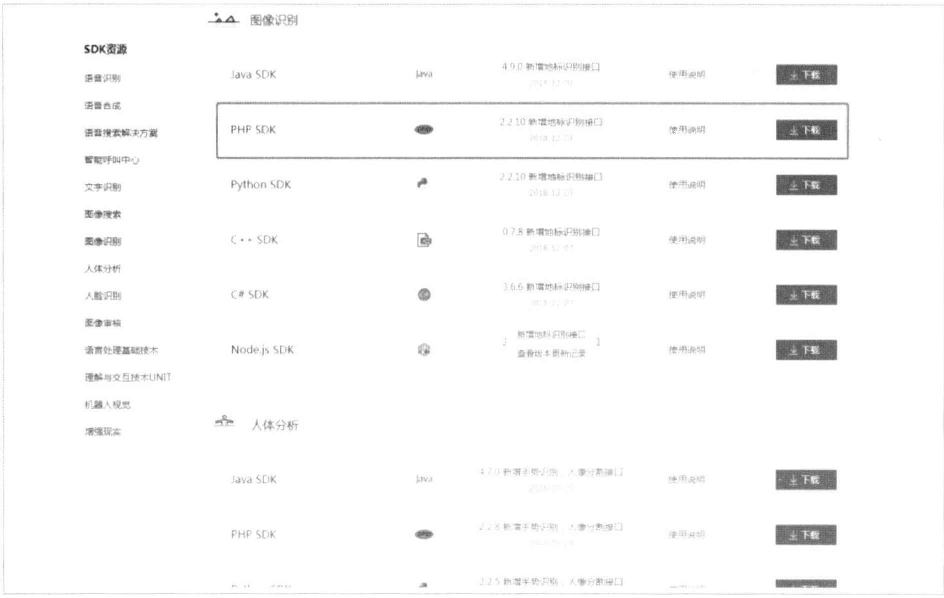

图 7-6　SDK 下载

下载后的 SDK 放在 Laravel 工程中 APP 文件夹下新建的 Lib 文件夹中，会看到一个 BaiduAPILib 文件夹和一个 AipImageClassify.php 文件。打开 AipImageClassify.php，之前记录的 AppID、API Key 和 Secret Key 这 3 个值配置在这个文件中，如下代码所示，这里使用 Laravel 读取配置的方式。

```php
<?php
require_once 'BaiduAPILib/AipBase.php';

class AipImageClassify extends AipBase
{
    /**
     * @var string
     * 只有一个实例化,直接读取配置
     */
    public function __construct()
    {
        parent::__construct(config('baidu.baiduAPI.appId'),
config('baidu.baiduAPI.apiKey'), config('baidu.baiduAPI.secretKey'));
    }
```

注意:读者可以看到 AipImageClassify.php 文件中定义了大量不同的方法进行不同的图片识别,读者可以根据这个文件中的相关注释内容,编写自己的项目代码,以实现自己需要实现的项目内容。

这时就可以使用该 SDK 发起相关的识别请求了,然后开始编写小程序的后台服务器部分的代码。

(1)根据上一节规定的路由地址,编写相关的路由。在项目工程中的 Providers 文件夹中的 RouteServiceProvider.php 文件中新增一个路由文件,代码如下所示。

```
// 百度内容识别
Route::prefix('baidu/api')
    ->middleware('api')
    ->namespace($this->namespace)
    ->group(base_path('routes/baidu.php'));
```

(2)在 routes 文件夹下新建 baidu.php 文件,并且将 7.1.3 中指定的路由定义在文件中,代码如下所示。

```php
<?php

use Illuminate\Http\Request;

Route::group(['namespace'=>'Baidu\Api'],function(){
   Route::post('wx/uploadImg','BaiduIdentificationController@advancedGeneral');
});
```

这里指定了一个 POST 请求的路由地址，用于接收小程序发送的图片和相关信息，并且返回图片给百度 API，接收百度 API 的返回地址，转发给小程序。访问该路由地址的请求将会转发至 Baidu\Api\BaiduIdentificationController.php 控制器文件中。

（3）新建 Baidu\Api\BaiduIdentificationController.php 控制器文件，需要引入基本的 API 返回相关的代码和文件保存的基本代码，在之前的工程中写在了 App\Traits 文件夹下的 Common.php 和 Files.php 文件中。Common.php 的代码如下所示。

```php
<?php
namespace App\Traits;
trait Common
{
    function apiReturn($code = 0, $data = [], $message = '')
    {
        $returnObj = [
            'code' => $code,
            'data' => $data,
            'message' => $message
        ];
        return response()->json($returnObj);
    }
}
```

保存上传的图片等至 Files.php 文件，代码如下所示。

```php
<?php
namespace App\Traits;
trait Files
{
    function saveImg($photo)
    {
        $storeResult = $photo->store('images');
        $output = [
            'imgUrl' => $storeResult,
            'imgHttpUrl' => asset($storeResult)
        ];
        return $output;
    }
}
```

advancedGeneral(Request $request)的基本逻辑是引入百度的图像识别 API，在用户的请求中获得相关的图片,并且保存在服务器上。

因为百度 API 图像数据需要 base64 编码,并且要求 base64 编码后大小不超过 4MB,支持 jpg/png/bmp 格式。所以通过 file_get_contents() 函数把整个文件读入一个字符串中,之后将整个请求通过 advancedGeneral()方法发送至百度 API 服务器中,完整的处理代码如下所示。

```php
<?php

namespace App\Http\Controllers\Baidu\Api;

use App\Traits\Common;
use App\Traits\Files;
use Illuminate\Http\Request;
use App\Http\Controllers\Controller;

class BaiduIdentificationController extends Controller
{
    use Files;
    use Common;

    /**
     * @param Request $request
     * @return \Illuminate\Http\JsonResponse
     * 通用物体识别
     */
    public function advancedGeneral(Request $request)
    {
        require_once app_path() . '/Lib/AipImageClassify.php';
        if ($request->hasFile('image')) {
            $photo = $request->file('image');
            $imgUpload = $this->saveImg($photo);
            $client = new \AipImageClassify();
            $img = file_get_contents($imgUpload['imgUrl']);
            $data = $client->advancedGeneral($img);

            $data['imgUrl'] = $imgUpload['imgHttpUrl'];
            if (isset($data['error_code'])) {
                return $this->apiReturn(1, null, '请稍后尝试或换图尝试');
            } else {
                foreach ($data['result'] as $k => $v) {
                    $data['result'][$k]['score'] = floor($v['score'] * 100) . '%';
```

```
            }
            return $this->apiReturn(0, $data, '');
        }
    } else {
        return $this->apiReturn(1, null, '该文件不存在');
    }
}
```

这样，基本上就完成了对小程序请求的处理和控制，使用 postman 测试，上传一张 image 图片，可以在 postman 的 POST 请求的 body 中选择类型为文件，如图 7-7 所示。

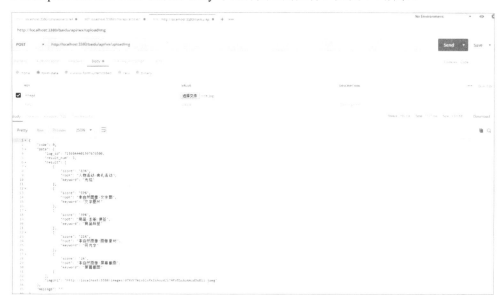

图 7-7　后台测试

7.2.2　上传图片功能

上一节已经完成了后台逻辑的编写，并且通过了测试，本节则编写小程序端代码。

首先使用 WePY 新建一个工程项目，使用 npm install 安装依赖包，再使用 wepy build –watch 监听编译，设置该 WePY 的 app.wpy 相关配置，并且使用'promisify'，代码如下所示。

```
export default class extends wepy.app {
  config = {
    pages: [
```

```
    'pages/imgIndex'
    // 'pages/index'
  ],
  window: {
    backgroundTextStyle: 'light',
    navigationBarBackgroundColor: '#fff',
    navigationBarTitleText: 'WeChat',
    navigationBarTextStyle: 'black'
  }
}

globalData = {
  userInfo: null,
  url: 'http://localhost:3380'
}

constructor () {
  super()
  this.use('requestfix')
  this.use('promisify')
}
```

因为已经指定了 pages/imgIndex 作为小程序的首页,所以应当在 pages 文件夹中创建一个 imgIndex.wpy 文件,并且初始化该文件,设定页面的标题,并且进行 data 变量的初始化。页面代码如下所示。

```
<script>
  import wepy from 'wepy'

  export default class imgIndex extends wepy.page {
    config = {
      navigationBarTitleText: 'imgUpload'
    }
    components = {}

    data = {
      showDetail: 'none',
      uploadImage: '',
      details: []
    }

    computed = {}
```

```
    methods = {
    }

    onLoad() {
    }
  }
</script>
```

小程序端其实只需要一个简单的页面即可完成该功能,在此页面中需要有一个用于上传图片的按钮,并且为了便于用户查看和有较好的使用体验,当用户上传图片后将整张图片回显至小程序的页面中,所以这里需要一个<button></button>组件和一个<image></image>组件,代码如下所示。

```
<!--显示图片-->
<view class="showImage">
  <image src="{{uploadImage}}" mode="aspectFit" style="height: 70vh;width: 80vw"></image>
</view>
<view>
  <button size="mini" style="width:60vw;margin-top:5vh;margin-left: 20vw" @tap="imgUp">上传图片识别</button>
</view>
```

这样,就完成了该小程序的第一项功能,用户单击按钮会触发使用@tap 绑定的方法 imgUp(),该方法首先触发用户选择图片或者用户拍摄图片的微信小程序 API wepy.chooseImage(),并且当用户选择图片或者拍照结束后,会自动压缩上传该图片内容至服务器,代码如下所示。

```
    imgUp() {
      const that = this
      wepy.chooseImage({
        count: 1,                            // 默认 9
        sizeType: ['compressed'],            // 可以指定是原图还是压缩图,默认二者都有
        sourceType: ['album', 'camera']      // 可以指定来源是相册还是相机,默认二者都有
      }).then((res) => {
        wepy.showLoading({
          title:'正在处理中…'
        })
        let tempFilePaths = res.tempFilePaths
        wepy.uploadFile({
          url: that.$parent.globalData.url + '/baidu/api/wx/uploadImg',
          filePath: tempFilePaths[0],
```

```
        name: 'image'
      }).then((res) => {
        // console.log(res.data.code)
        // 这里有个问题，返回的数据是字符串
        let returnData = JSON.parse(res.data)
        wepy.hideLoading()
        if (returnData.code === 0) {
          that.uploadImage = returnData.data.imgUrl
          that.details = returnData.data.result
          that.showDetail = 'true'
          that.$apply()
        } else {
          wepy.showModal({
            title: '错误',
            content: returnData.message
          })
        }
      })
    })
  }
```

选择图片进行上传，如图 7-8 所示。

图 7-8　上传图片后回显

7.2.3 小程序图片解析显示

解析完的图片内容，显示在一层透明的蒙版上，通过 display 属性控制该蒙版的显示，初始化时将此值设置为"none"，等到用户上传成功后并且获得返回数据时将此值改为"true"，这样即可完成在该界面中的图片返回信息的显示，接收到的 API 将其赋值在数组中，使用<repeat></repeat>组件循环显示。完整的代码如下所示。

```
<template>
  <!--显示相关信息-->
  <view @tap="hideDetail" class="showDetail" style="display: {{showDetail}}">
    <view class="showTest">
      <view class="text">
        <repeat for="{{details}}" item="item">
          <view style="padding: 10px">
            <text>您的图片有{{item.score}}的可能是{{item.keyword}},属于{{item.root}}</text>
          </view>
        </repeat>
      </view>
    </view>
  </view>
  <!--显示图片-->
  <view class="showImage">
    <image src="{{uploadImage}}" mode="aspectFit" style="height: 70vh;width: 80vw"></image>
  </view>
  <view>
    <button size="mini" style="width:60vw;margin-top:5vh;margin-left: 20vw" @tap="imgUp">上传图片识别</button>
  </view>
</template>
```

同样，为了更加方便用户使用，当显示信息的蒙版出现在界面上时，通过单击该组件，可以将此组件隐藏，也就是将控制该组件的 display 属性重置为"none"，代码如下所示。

```
hideDetail() {
  this.showDetail = 'none'
  this.$apply()
},
```

最后，可以再配置一些样式效果，比如让这个图片居中，并且让显示文字的蒙版部分悬浮在整个页面的最上方，这样可以使得整个小程序页面显得更加美观，样式代码如下所示。

```less
<style lang="less">
  .showImage {
    width: 80vw;
    background-color: aliceblue;
    margin-left: 10vw;
    margin-top: 10vh;
    height: 70vh;
  }

  .showDetail {
    width: 100vw;
    height: 100vh;
    position: fixed;
    top: 0;
    background-color: rgba(0, 0, 0, 0.5);
    z-index: 1;
  }

  .showTest {
    display: flex;
    justify-content: center;
    align-items: center;
    height: 100%;
    width: 100%;
  }

  .text {
    background-color: rgba(0, 0, 0, 0.5);
    color: #fff;
    font-size: 25rpx;
    height: 70vh;
    width: 70vw;
    border-radius: 50rpx;
  }
</style>
```

查看最终效果，如图 7-9 所示，当用户上传合适的图片后，会自动显示出百度 API 识别的该图片的内容。

图 7-9　百度识图小程序

7.3　小结和练习

7.3.1　小结

本章使用百度提供的 API 完成了图片的智能识别，练习了图片的上传和数据的显示等内容，并对最流行的小程序做了一个简单的剖析，从前台到后端服务器的代码均可以独立运行，读者学完后可以非常快速地完成一个智能识别小程序的开发。

百度 API 的使用可以帮助读者了解如何在自己的服务器中使用第三方提供的 API，并显示相关的内容。

7.3.2　练习

学习完本章的内容，读者可以自行尝试：

- 开发其他已有接口的智能识别内容。
- 优化显示界面和返回的界面。
- 尝试解决每日的请求限制问题。

第 8 章
实战：文字信息发布小程序

文章发布系统是很多项目中都会用到的，本章就来编写一个简单的文章发布系统——文字和信息发布小程序。

本章涉及的知识点如下：

- 文字信息发布小程序的编写。
- wxParse 插件的使用。

8.1 项目需求

小程序的文章发布系统并不需要在小程序端进行文章的编写和管理，后台的管理如果不需要小程序端的需求，则可以直接在网页上进行后台的管理和文章的发布，小程序端只需要显示文章、评论等基础的内容。

8.1.1 功能划分

一个最简单的文字信息发布系统小程序可以分为两个页面。

- 页面1：显示文章列表和页数，可以通过单击页码切换文章页，单击具体的文章可以进入该文章的详情页。
- 页面2：显示文章的详情和阅读等基础信息，并且显示该文章的评论信息，可以添加新的评论内容等。

也就是说，在用户进入首页时，显示一个具备分页功能的文章列表，同时在页面载入过程中需要对用户进行登录判断，因为需要拿到用户本身的 openid 作为唯一身份识别，用于评论等功能。

等待用户单击某一条相关的文章信息后，会进入该文章的详情页面，该页面显示文章的具体内容和评论内容，同时在载入该页面时浏览数量加1，具体流程如图8-1所示。

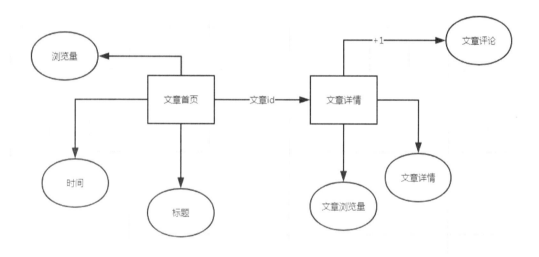

图 8-1　具体流程

8.1.2 路由划分

对于后台而言，如果需要用户登录系统，则需要相关的用户接口保存其登录和用户验证等内容，这里使用了第4章中的用户登录内容，读者也可以在自己的服务器中不使用用户的相关登录接口。当然对于评论等功能性的内容，实际上是应当用到用户登录的。

其他的功能则需要如表8-1所示的API。

表 8-1　路由划分

API	说明
/articles/{page}	page为传递的页面数量，后台根据传递的page更新页面的内容
/article/{id}	文章的详情获取接口，通过传递的唯一article id来控制返回的内容，同时这个接口可以返回用户的评论内容，也可以用于新增一个浏览量
/articleFun/talk	文章的评论接口，通过该接口可以新增评论
/articleFun/point/{id}	用户的点赞接口，可以增加一篇文章的点赞内容

8.2　具体编码

用户发布系统相对于之前的系统而言，不同点在于使用第三方提供的库，因为小程序中并不支持 HTML 代码的标签和 style 属性，所以对于富文本的使用是非常繁杂的。虽然小程序本身存在一个独立的富文本组件，但这使得所有的内容发布系统必须通过专门的发布器发布，或必须将原本 HTML 或其他格式的内容转化成符合小程序要求的富文本内容。

8.2.1　后台实现

根据文章发布系统的接口路由的划分，可知后台提供了 4 个基本功能，可以先定义相关的路由文件。

（1）在项目工程的 Providers 文件夹的 RouteServiceProvider.php 文件中新增一个路由文件的指定，代码如下所示。

```
// 内容发布的 cms
    Route::prefix('cms/api')
        ->middleware('api')
        ->namespace($this->namespace)
        ->group(base_path('routes/cms.php'));
```

（2）在 routes 文件夹下新建 cms.php 文件，并且将 4 个指定的路由定义在文件中，代码如下所示。

```
<?php
Route::group(['namespace' => 'CMS\Api', 'middleware' => ['getWxUser']], function () {
//     获得所有文章的列表
    Route:: get('/articles/{page}', 'IndexController@getArticles');
//     获得唯一的文章内容
    Route:: get('/article/{id}', 'IndexController@getArticleDetail');
```

```
//    评论
   Route::post('/articleFun/talk', 'IndexController@sendTalk');
//    点赞
   Route::get('/articleFun/point/{id}', 'IndexController@point');
});
```

这里指定了两个获取列表和文章内容及点赞的路由为 GET 方式，而评论的路由为 POST 方式，将所有的路由请求转发至 CMS\Api\IndexController.php 控制器文件中。

（3）新建 CMS\Api\IndexController.php 控制器文件，引入基本的 API 返回相关的代码，在之前的工程中写在 App\Traits 文件夹下的 Common.php 文件中，代码如下所示。

```
<?php

namespace App\Traits;
trait Common
{
    function apiReturn($code = 0, $data = [], $message = '')
    {
        $returnObj = [
            'code' => $code,
            'data' => $data,
            'message' => $message
        ];
        return response()->json($returnObj);
    }
}
```

（4）新创建的 Controller 文件内容如下所示。

```
<?php

namespace App\Http\Controllers\CMS\Api;

use App\Model\WxArticle;
use App\Model\WxArticleTalk;
use App\Traits\Common;
use Illuminate\Http\Request;
use App\Http\Controllers\Controller;

class IndexController extends Controller
{
    use Common;
}
```

（5）文章发布系统自然需要数据库文件，这里为文章发布系统创建了两张相关的数据表，其中一张是文章表，如图 8-2 所示。

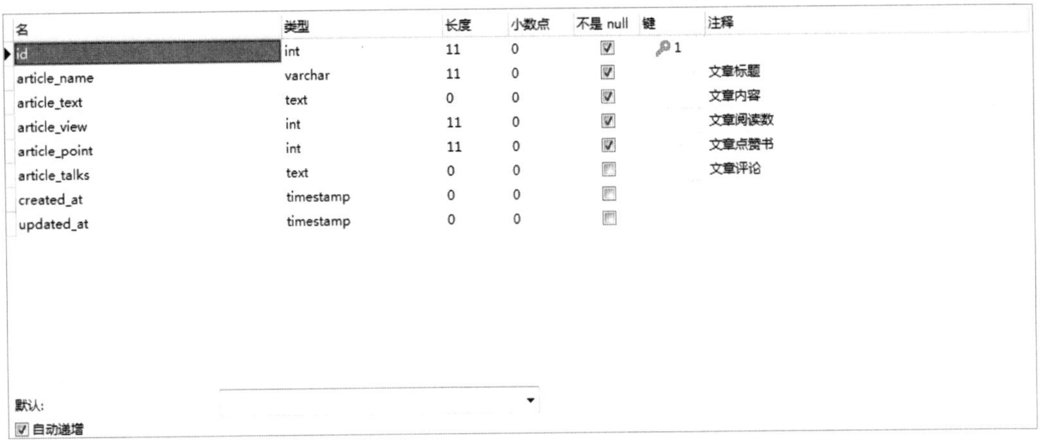

图 8-2 文章表

这张数据表被命名为 wx_cms_articles，用于存储所有的文章内容和浏览次数等信息，在 Laravel 工程中创建一个与其对应的 Model 文件，存放在 Model 文件夹下，命名为 WxArticle.php，代码如下所示。

```php
<?php

namespace App\Model;

use Illuminate\Database\Eloquent\Model;

class WxArticle extends Model
{
    //
    protected $table = 'wx_cms_articles';
    protected $hidden = ['updated_at'];
}
```

第二张数据表用于记录该文章的评论，以 article_id 作为连接文章数据表的外键，评论表如图 8-3 所示。

名	类型	长度	小数点	不是 null	键	注释
id	int	11	0	✓	🔑1	
value	varchar	255	0	✓		
wx_id	int	11	0	✓		微信用户id
article_id	int	11	0	✓		一般不用的文章id
before_talk	int	11	0	✓		暂时不用是上条talk的id
show	int	1	0	✓		show默认为0，审核通过为1
created_at	timestamp	0	0			
updated_at	timestamp	0	0			

图 8-3 评论表

同样，这张数据表在 Laravel 中也创建一个相关的 Model，命名为 WxArticleTalk.php，代码如下所示。

```php
<?php

namespace App\Model;

use Illuminate\Database\Eloquent\Model;

class WxArticleTalk extends Model
{
    //
    protected $table = 'wx_cms_article_talk';
    protected $hidden = ['updated_at'];

    /**
     * @return array
     * 返回该文章的全部评论
     */
    protected function findTalks($id)
    {
        return $this->where('article_id', $id)->get();
    }
}
```

（6）开始具体的功能逻辑代码编写，首先是显示文章列表的路由逻辑，包含文章的分页等内容，代码如下所示。

```
/**
 * @return \Illuminate\Http\JsonResponse
```

```
 * 获取所有文章的列表，存在分页
 */
public function getArticles($page)
{
    $page = $page - 1;
    if ($page >= 0) {
        $count = WxArticle::count();
        if ($page >= ceil($count / 10)) {
            return $this->apiReturn(1, [], '页码超标，出现数据 1 错误');
        } else {
            if ($count <= 10) {
                $articles = WxArticle::select('id', 'article_name', 'article_view', 'created_at')->get();
            } else {
                $articles = WxArticle::select('id', 'article_name', 'article_view', 'created_at')->skip(10 * $page)->take(10);
            }
            return $this->apiReturn(0, ['article' => $articles, 'page' => $page + 1, 'totalPage' => ceil($count / 10)], '');
        }
    } else {
        return $this->apiReturn(1, [], '页码超标 1，出现数据 2 错误');
    }
}
```

通过 postman 测试该接口，输入相关的地址和参数后，效果如图 8-4 所示。

图 8-4　接口测试效果

注意：在测试时因为都使用了用户的身份验证，所以需要在请求的头部增加一个正确的 Token 字段用作用户的身份识别，才能正常测试。

如果测试时页码超标，则会显示页码超标的错误提示，返回值的具体说明如表 8-2 所示。

表 8-2 文章列表返回值的具体说明

属性名称	类型	说明
article	array	文章列表数组，如果一页上存在多篇文章，则其中会包含多个文章对象
article.id	int	单一文章包含的id信息，具有唯一性
article.article_name	string	文章的标题
article.article_view	int	文章的阅读量
article.created_at	string	文章创建的时间，采用的是2000-01-01 12:00:00形式
page	int	当前页数
totalPage	int	总页数

（7）完成获取用户单击单篇文章查看详情时的接口，基本逻辑是通过小程序发送的文章 id 进行查找，返回相关的文章内容和评论内容，同时用户访问该接口相当于阅读了该文章，所以浏览量加 1，并在数据库中更新。基本的代码如下所示。

```
/**
 * @return \Illuminate\Http\JsonResponse
 * 返回文章的详情、评论
 */
public function getArticleDetail($id)
{
    $article = WxArticle::find($id);
    if ($article) {
        $article->article_view = $article->article_view + 1;
        $article->save();
        $talks = WxArticleTalk::findTalks($id);
        $article->talks = $talks ? $talks : [];
        return $this->apiReturn(0,$article);
    } else {
        return $this->apiReturn(1, [], '没有该文章');
    }
}
```

通过 postman 测试，发送第一篇文章（id 为 1），接口返回效果如图 8-5 所示。

图 8-5　接口返回效果

接口返回数据包括文章的具体详情和这篇文章的评论内容等，说明如表 8-3 所示。

表 8-3　接口返回说明

属性名称	类型	说明
id	int	单一文章包含的id信息，具有唯一性
article_name	string	文章的标题
article_view	int	文章的阅读量
created_at	string	文章创建的时间，采用的是2000-01-01 12:00:00形式
article_text	string	文章的具体详情，基本是一个非常长的字符串，其中的特殊符号会加入转义
article_point	int	文章被点赞数
talks	array	该文章对应的评论内容，暂时未对其进行分类或者分页
talks.id	int	该评论的唯一id
talks.value	string	评论的内容
talks.wx_id	int	评论该内容的用户微信id
created_at	string	评论创建的时间，采用的是2019-01-01 12:00:00形式

（8）开始评论逻辑的代码编写，基本逻辑为从小程序发送的 POST 请求中获取用户的信息、用户的评论文章信息，以及用户评论的内容，并将其保存到数据库中，代码如下所示。

```
/**
 * @return \Illuminate\Http\JsonResponse
 * 发送用户的评论信息
 */
public function sendTalk(Request $request)
```

```php
{
    $user = $request->input('userInfo');
    $value = $request->input('value');
    $article_id = $request->input('id');
    $article = WxArticle::find($article_id);
    if ($article) {
        if ($request->has('before_talk')) {
            $before_talk = $request->input('before_talk');
        } else {
            $before_talk = 0;
        }
        $talk = new WxArticleTalk();
        $talk->value = $value;
        $talk->wx_id = $user->id;
        $talk->article_id = $article_id;
        $talk->before_talk = $before_talk;
        if ($talk->save()) {
            return $this->apiReturn(0, [], '评论成功');
        } else {
            return $this->apiReturn(1, [], '出现错误,请稍后重试');
        }
    } else {
        return $this->apiReturn(1, [], '没有该文章');
    }
}
```

通过 postman 测试,在保证登录状态的情况下,输入相应的文章 id 和评论内容等参数,即可对该文章进行评论,当然其请求方式应当是 POST 形式,如图 8-6 所示。

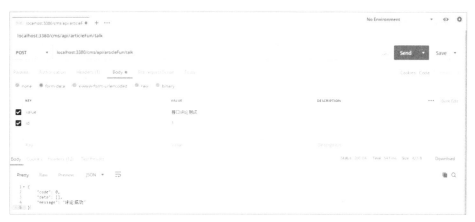

图 8-6　评论接口测试

可以在数据库中或者通过第二个接口查看是否评论成功。再次请求第二个接口后，如图 8-7 所示。

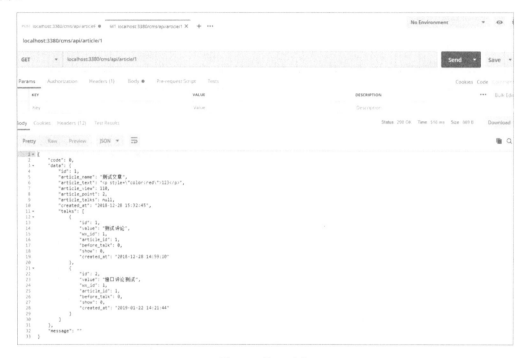

图 8-7　接口测试

（8）最后一个接口是对点赞的实现，通过文章 id 传输，其实和文章的获取一样，接口代码如下所示。

```
/**
 * @return \Illuminate\Http\JsonResponse
 * 用户点赞
 */
public function point($id)
{
    $article = WxArticle::find($id);
    if ($article) {
        $article->article_point = $article->article_point + 1;
        $article->save();
        return $this->apiReturn(0, ['article_point' => $article->article_point],
'点赞成功');
    } else {
```

```
            return $this->apiReturn(1, [], '没有该文章');
        }
    }
```

通过 postman 测试，在该接口的返回值中会直接携带点赞结束后的点赞数，这样方便了小程序的使用，如图 8-8 所示。

图 8-8　点赞返回

8.2.2　新建小程序项目

相对之前的小程序而言，本章的小程序是非常容易开发的，功能非常少，但却涉及第三方插件的使用，这个插件用在了显示富文本内容上（也就是文章的详情）。

使用 WePY 新建一个项目工程，使用 npm install 初始化该工程，使用下方命令启动该工程的编译监听。

```
wepy build –watch
```

再创建一个小程序，用来启动编译好的小程序。接下来，就正式进入对小程序的编写工作。

首先是页面的划分，在之前的章节中，整个小程序的实现分了两个页面，所以在这里需要配置 app.wpy，在该配置中需要启动器 promisify 的支持，代码如下所示。

```
<script>
import wepy from 'wepy'
import 'wepy-async-function'


export default class extends wepy.app {
```

```
config = {
  pages: [
    'pages/index',
    'pages/article'
  ],
  window: {
    backgroundTextStyle: 'light',
    navigationBarBackgroundColor: '#fff',
    navigationBarTitleText: 'WeChat',
    navigationBarTextStyle: 'black'
  }
}
constructor () {
  super()
  this.use('requestfix')
  this.use('promisify')
}

onLaunch() {
  this.testAsync()
}
}
</script>
```

8.2.3 首页实现

在 src\pages 目录中创建两个页面对应的文件,index.wpy 作为小程序的主页,article.wpy 作为文章页面。

接下来配置常用的请求和方法,这里依旧使用之前的 wxCommon.js 文件,该文件包含基础的对于请求的封装,以及接口地址、用户有效期检测、重新登录等内容的封装。如果读者不需要登录系统,可以去掉这里的一些逻辑内容。完整代码如下所示。

```
import wepy from 'wepy'

export default class wxCommon extends wepy.mixin {

  data = {
    userInfo: null,
    // url: '正式地址',
    url: 'http://localhost:3380',
```

```
    app: 'vice'
}

// 用户特有的请求头部 Token
userRequest(url, method, data, cb) {
  const that = this
  wepy.request({
    url: that.url + url,
    method: method,
    data: data,
    header: {
      'Token': wepy.getStorageSync('token'),
      'Cookie': wepy.getStorageSync('cookie')
    }
  }).then((res) => {
    if (res.header['Set-Cookie'] != null) {
      wepy.setStorageSync('cookie', res.header['Set-Cookie'])
    }
    cb(res)
  })
}

// 用户统一登录
userLogin(cb) {
  const that = this
  that.userRequest('/wxUser/api/checkToken', 'get', {}, function (res) {
    if (res.data.code === 0) {
      // 验证成功
      cb()
    } else {
      // 验证失败
      that.reLogin(cb)
    }
  })
}

// 用户检测失败后重新执行 login
reLogin(cb) {
  const that = this
  wepy.login().then((res) => {
    if (res.code) {
```

```
      that.userRequest('/wxUser/api/getToken', 'post', {code: res.code, app:
that.app}, function (res) {
        if (res.data.code === 0) {
          wepy.setStorageSync('token', res.data.data.token)
          cb()
        } else {
          wepy.showModal({title: res.data.message.toString()})
        }
      })
    }
  })
 }
}
```

接下来，编写小程序首页 index.wpy 的显示逻辑代码，首先是对文章列表的显示，然后是对文章列表页数的显示。这两个地方都是用户可以单击的，并且在获取后端数据时会返回相应的数组，所以这里采用<repeat></repeat>标签的形式显示。

其中后端获得的文章列表数据本身是作为数组返回的，可以直接循环显示，页面代码如下所示。

```
<repeat for="{{articles}}" item="item">
  <view @tap="getArticle({{item.id}})" class="article">
    <image class="articleImg" src="../public/logo.jpg"></image>
    <view class="articleView">
      {{item.article_name}}
    </view>
    <view class="articleTime">
      {{item.created_at}}
    </view>
    <view class="articleNum">
      浏览次数：{{item.article_view}}
    </view>
  </view>
</repeat>
```

首页上循环显示了所有文章的列表，这个列表包含了文章题目、浏览次数及时间等信息，为了方便和好看，在 public 文件夹下存放了一张图片作为所有文章的题图，开发者可以根据文章内容或后台使用不同的图片，这里只是作为示例。

列表的显示已经没有问题，但仍需要显示另外一个功能：文章列表中的页码，单击页码可以切换列表内容。已知在服务器端会返回页码的总数和当前页面的页码，所以这里也可以采用 <repeat></repeat> 标签的形式显示，代码如下所示。

```
<repeat for="{{totalPage}}" item="item">
  <view @tap="pageChange({{item}})" class="pageNum">
    <text style="position: absolute;top: -20rpx;left: 0;width: 100%">
      {{item}}
    </text>
  </view>
</repeat>
```

注意：totalPage 变量的循环并不是后台获得的页码总数，而是根据页面总数循环出的数组。

8.2.4　首页逻辑编写

开始编写页面的 JavaScript 逻辑代码，首先确认配置标题和引入已经编写好的 mixins 文件，并且定义 data 中将会使用到的值，代码如下。

```
<script>
  import wepy from 'wepy'
  import wxCommon from '../mixins/wxCommon'

  export default class index extends wepy.page {
    config = {
      navigationBarTitleText: '文章列表'
    }
    components = {}
    mixins = [wxCommon]
    data = {
      page: 1,
      allPages: 1,
      articles: [],
      totalPage: []
    }

    computed = {}
    methods = {
// 页面中使用的方法
    }
    events = {}
```

```
    onLoad() {
    }
  }
</script>
```

在进入页面时一定要对用户的登录状态进行确认,在确认其登录后,可以通过服务器获取文章的列表信息,页面加载时的 onLoad()代码如下所示。

```
onLoad() {
  const that = this
  this.userLogin(() => {
    that.getArticles()
  })
}
```

其中 getArticles()方法用于获得文章列表,当调用这个方法后,会自动请求服务器端,获得最新页面中的文章列表,并对之前定义的 data 中的值进行赋值,或者显示错误提示,代码如下所示。

```
getArticles() {
  const that = this
  // 获取文章列表
  this.userRequest('/cms/api/articles/' + this.page, 'get', {}, function (res) {
    that.totalPage = []
    if (res.data.code === 0) {
      for (let i = 1; i <= res.data.data.totalPage; i++) {
        that.totalPage.push(i)
      }
      that.articles = res.data.data.article
      that.$apply()
    } else {
      wepy.showModal({
        title: '提示',
        content: res.data.message
      })
    }
  })
}
```

在该页面中,单击文章列表中的任意一条内容,会跳转至一篇文章的详情页面,所以给文章列表生成的元素中最外层的元素绑定了一个 getArticle(id)方法,通过传递文章 id 进行页面跳转,而对于单击页码的元素,也同样绑定了一个切换列表显示的方法 pageChange(page),具体的代码如下所示。

```
methods = {
  getArticle(id) {
    wx.navigateTo({
      url: '/pages/article?id=' + id,
    })
  },
  pageChange(page) {
    // console.log(page)
    this.page = page
    this.$apply()
    this.getArticles()
  }
}
```

8.2.5　首页样式编写

此时已经完成了首页的所有功能，当然现在页面的样式还不好看，我们再为其增加一些简单的样式，在<style></style>标签下增加如下代码，完成首页文章列表的样式设计。

```
<style lang="less">
  page {
    background: #eeeeee;
  }

  .article {
    margin-left: 5vw;
    margin-top: 5vw;
    background: #fff;
    width: 90vw;
    border: 1px solid #fff;
    height: 25vw;
    position: relative;
    font-size: unit(30, rpx);
  }

  .articleImg {
    position: absolute;
    border-radius: 5vw;
    left: 2.5vw;
    top: 2.5vw;
```

```
    width: 20vw;
    height: 20vw;
  }

  .articleView {
    position: absolute;
    left: 30vw;
    top: 5vw;
  }

  .articleNum {
    position: absolute;
    left: 30vw;
    font-size: unit(25, rpx);
    color: #ababab;
    bottom: 10vw;
  }

  .articleTime {
    position: absolute;
    left: 30vw;
    font-size: unit(25, rpx);
    color: #ababab;
    bottom: 5vw;
  }

  .pageNum {
    position: relative;
    background-color: white;
    width: 10vw;
    height: 10vw;
    border: 1px solid #eeeeee;
    margin: 3vw;
    text-align: center;
    font-size: unit(30, rpx);
  }
</style>
```

显示效果如图 8-9 所示。

图 8-9 文章发布系统首页显示效果

8.2.6 文章详情页实现

在 article.wpy 页面中创建基础的 JavaScript 代码，在 data 中定义需要使用的变量，引入 mixin 文件，代码如下所示。

```
import wepy from 'wepy'
import wxCommonUtil from '../mixins/wxCommonUtil'
import wxCommon from '../mixins/wxCommon'
import WxParse from '../wxParse/wxParse.js'

export default class article extends wepy.page {
  config = {
    navigationBarTitleText: '文章详情'
  }
  components = {}

  mixins = [wxCommonUtil, wxCommon]
  data = {
    articleId: 0,
    article: {},
    radNum: '../public/1.jpg',
```

```
      content: {},
      htmlParserTpl: {},
      talks: [],
      talk: ''
    }
    computed = {}
    methods = {
    }
    events = {}
  }
```

上述代码中引入了一个新的 mixin，其中包含一个随机数的获取方法，有两个值作为参数，获得一个随机的整数值，完整代码如下所示。

```
import wepy from 'wepy'

export default class wxCommonUtil extends wepy.mixin {

// 新增随机方法获取随机数
  randomNum(minNum, maxNum) {
    switch (arguments.length) {
      case 1:
        return parseInt(Math.random() * minNum + 1, 10);
        break;
      case 2:
        return parseInt(Math.random() * (maxNum - minNum + 1) + minNum, 10);
        break;
      default:
        return 0;
        break;
    }
  }
}
```

单击列表后会进入另一个页面，也就是文章的详情页面，在这个页面中会显示该文章的具体内容，并且会显示文章的评论。提供评论和点赞的用户操作方式，在初始化页面时，会通过 onLoad() 传递一个 id 参数，通过该 id 调用 getArticle(id) 方法获得该文章的全部内容，代码如下。

```
  onLoad(options) {
    let tempNum = this.randomNum(1, 3)
    this.radNum = '../public/' + tempNum + '.jpg'
    this.$apply()
```

```
  if (options.id) {
    this.getArticle(options.id)
    this.articleId = options.id
    this.$apply()
  } else {
    wepy.showModal({
      title: '提示',
      content: '您没有选择文章'
    })
  }
}
```

这里采用了 mixin 中的随机方法，在 1、2、3 这 3 个数字中随机选出一个数字，用于显示不同的文章头部背景，美化页面。

和获取文章差不多，调用 getArticle(id) 即获取文章的全部内容，但是文章的具体内容是 HTML 的富文本格式。也就是说，直接将其显示在页面上，小程序并不会解析这类标签，所以不会显示出网页中的效果，而是直接显示出样式和标签，如图 8-10 所示，页面并没有解析成一个红色的"123"文字。

图 8-10　文章详情显示

8.2.7　文章内容显示

本节的重点是在获得文章详情中的富文本时应当如何处理，上一节代码中引入的 WxParse 其实就是富文本的一种处理方式，WxParse 这个解析组件就是将 Html/Markdown 转换为微信小程序的可视化方案，其在 GitHub 中开源，仓库地址如下所示。

`https://github.com/icindy/wxParse`

下载该组件后，除了存放表情和图片的 emojis 文件夹，其中还包含 5 个 JavaScript 文件、1 个 wxml 文件和 1 个用来存在样式的 wxss 文件，如图 8-11 所示。

名称	修改日期	类型	大小
emojis	2019/1/8 17:34	文件夹	
html2json.js	2017/11/9 10:37	JScript Script 文件	10 KB
htmlparser.js	2017/11/9 10:37	JScript Script 文件	6 KB
showdown.js	2017/11/9 10:37	JScript Script 文件	71 KB
wxDiscode.js	2017/11/9 10:37	JScript Script 文件	7 KB
wxParse.js	2019/1/8 18:19	JScript Script 文件	5 KB
wxParse.wxml	2017/11/9 10:37	WXML 文件	33 KB
wxParse.wxss	2017/11/9 10:37	WXSS 文件	5 KB

图 8-11　WxParse 文件结构

在原生小程序中，可以直接根据 WxParse 的文档进行引入，但是在 WePY 工程中，直接引入该组件的方式会使得解析没有问题，但由于变量赋值的不同导致无法成功显示在页面上，所以需要修改 wxParse 中的 wxParse.js 代码，直接将结果返回。修改过的 wxParse 主函数如下所示。

```
/**
 * 主函数入口区
 **/
function wxParse(bindName = 'wxParseData', type='html', data='<div class=
"color:red;">数据不能为空</div>', target,imagePadding) {
  var that = target;
  var transData = {};// 存放转化后的数据
  if (type == 'html') {
    transData = HtmlToJson.html2json(data, bindName);
    console.log(JSON.stringify(transData, ' ', ' '));
  } else if (type == 'md' || type == 'markdown') {
    var converter = new showdown.Converter();
    var html = converter.makeHtml(data);
    transData = HtmlToJson.html2json(html, bindName);
    console.log(JSON.stringify(transData, ' ', ' '));
  }
  transData.view = {};
  transData.view.imagePadding = 0;
  if(typeof(imagePadding) != 'undefined'){
    transData.view.imagePadding = imagePadding
  }
  var bindData = {};
  bindData[bindName] = transData;
  that.setData(bindData)
  that.wxParseImgLoad = wxParseImgLoad;
  that.wxParseImgTap = wxParseImgTap;
  // 新增
```

```
  bindData.wxParseImgLoad = wxParseImgLoad;
  bindData.wxParseImgTap = wxParseImgTap;
  return bindData;
}
```

将修改后的 wxParse.js 文件保存，将所有的 wxParse 项目放到当前项目中，这样在获得服务器端的文章详情后，就可以使用 wxParse 进行富文本的解析了，代码如下所示。

```
    // 取得
    getArticle(id) {
      const that = this
      // 获取文章列表
      this.userRequest('/cms/api/article/' + id, 'get', {}, function (res) {
        if (res.data.code === 0) {
          that.article = res.data.data
          that.talks = res.data.data.talks
          let content = res.data.data.article_text
          /**
           * WxParse.wxParse(bindName , type, data, target,imagePadding)
           * 1.bindName 绑定的数据名(必填)
           * 2.type 可以为html 或者md(必填)
           * 3.data 为传入的具体数据(必填)
           * 4.target 为Page 对象,一般为this(必填)
           * 5.imagePadding 为当图片自适应是左右的单一padding(默认为0,可选)
           */
          let htmlContent = WxParse.wxParse('content', 'html', content, that, 5);
          console.log(htmlContent)
          that.htmlParserTpl = htmlContent['content']
          that.$apply()
          console.log(that.content)
        } else {
          wepy.showModal({
            title: '提示',
            content: res.data.message
          })
        }
      })
    }
```

文章显示界面的代码写法也和自制组件不一样，需要使用 import 方式，并且使用 block 组件显示所有内容，代码如下所示。

```
<!--显示文章-->
<view class="article" style="padding: 5vw">
  <import src="../wxParse/wxParse.wxml"/>
  <block wx:for="{{htmlParserTpl.nodes}}" wx:key="{{index}}">
    <template is="wxParse0" data="{{item}}"/>
  </block>
</view>
```

8.2.8 文章评论显示

对于获得的文章评论内容,也应该通过循环的方式显示,上述方法中,将服务器端取得的评论放置在 talks 变量中,所以在页面的代码中应当使用<repeat></repeat>组件对该变量进行循环,代码如下所示。

```
<!--显示评论-->
<view>
  <repeat for="{{talks}}" item="item">
    <view class="talk">
      <view class="fix" style="width: 60vw;left: 5vw">
        {{item.value}}
      </view>
      <view class="fix" style="width: 40vw;right: 0;color: #ababab">
        {{item.created_at}}
      </view>
    </view>
  </repeat>
</view>
```

页面应当显示文章的点赞、时间、评论框等内容,并且提供相应的点赞方法、评论方法等,所以完整的页面模板代码如下所示。

```
<template>
  <view class="articleTitle">
    <image src="{{radNum}}" mode="widthFix" style="width: 100vw"></image>
    <view class="title">
      {{article.article_name}}
    </view>
    <view class="articleTime">
      {{article.created_at}}
    </view>
    <view @tap="point" class="articlePoint">
      点赞:{{article.article_point}}
```

```
      </view>
    </view>
    <!--显示文章-->
    <view class="article" style="padding: 5vw">
      <import src="../wxParse/wxParse.wxml"/>
      <block wx:for="{{htmlParserTpl.nodes}}" wx:key="{{index}}">
        <template is="wxParse0" data="{{item}}"/>
      </block>
    </view>
    <!--评论框-->
    <view class="input">
      <input style="width: 80vw;position: absolute;left: 5vw;" bindinput="talk"/>
      <button @tap="sendTalk" style="position: absolute;width: 20vw;right: 2vw;" size="mini">评论</button>
    </view>
    <!--显示评论-->
    <view>
      <repeat for="{{talks}}" item="item">
        <view class="talk">
          <view class="fix" style="width: 60vw;left: 5vw">
            {{item.value}}
          </view>
          <view class="fix" style="width: 40vw;right: 0;color: #ababab">
            {{item.created_at}}
          </view>
        </view>
      </repeat>
    </view>
</template>
```

在评论时，用户输入数据时会触发输入方法，在输入的同时为定义的 talk 赋值。绑定输入方法 talk(e)的代码如下所示。

```
// 绑定输入方法
talk(e) {
  this.talk = e.detail.value
  this.$apply()
},
```

输入完成时，用户单击评论，则会调用 sendTalk()方法，将输入的数据发送至服务器保存，代码如下所示。

```
// 发送评论
sendTalk() {
  this.userRequest('/cms/api/articleFun/talk', 'post', {
    value: this.talk,
    id: this.articleId
  }, function (res) {
    wepy.showModal({
      title: '提示',
      content: res.data.message
    })
  })
}
```

如图8-12所示，重新进入后，会在页面的最下方显示用户的评论和评论时间。

图 8-12 评论成功

8.2.9 文章点赞功能

用户的点赞功能绑定在了点赞显示的文章上，通过对该文字的单击，会发送一个请求传输至服务器端，根据服务器的返回设置新的点赞的数值并弹出提示，代码如下所示。

```
// 点赞
point() {
  const that = this
  this.userRequest('/cms/api/articleFun/point/' + this.articleId, 'get', {}, function (res) {
    if (res.data.code === 0) {
      that.article.article_point = res.data.data.article_point
      that.$apply()
    }
    wepy.showModal({
```

```
        title: '提示',
        content: res.data.message
      })
    })
  },
```
点赞成功如图 8-13 所示。

图 8-13　点赞成功

该页面的基本功能就差不多都完成了,最后需要对页面进行优化,页面中的 style 样式代码如下所示。

```
<style lang="less">
  @import "../wxParse/wxParse.wxss";

  .articleTitle {
    width: 100vw;
    height: 60vw;
    background: #eee;
    position: relative;
  }
  .title {
    position: absolute;
    top: 29vw;
    font-size: unit(35, rpx);
    color: #fff;
    width: 100vw;
    text-align: center;
  }
  .articleTime {
    position: absolute;
```

```css
    right: 2vw;
    top: 55vw;
    font-size: unit(25, rpx);
    color: #fff;
  }
  .articlePoint {
    position: absolute;
    left: 2vw;
    top: 55vw;
    font-size: unit(25, rpx);
    color: #fff;
  }
  .talk {
    font-size: unit(25, rpx);
    padding: 5vw;
    border-top: 1px solid #eeeeee;
    position: relative;
  }
  .fix {
    position: absolute;
  }
  .article {
    min-height: 50vh;
  }
  .input {
    padding: 2vw;
    border: 1px solid #eee;
    font-size: unit(25, rpx);
    position: relative;
    min-height: 8vw;
  }
</style>
```

注意：在引入 wxParse.wxss 时一定要在 style 的语言属性 lang 中指定引入的是 less 模式，并且该地址需要根据读者工程中的 wxParse 更改。

最终的页面效果如图 8-14 所示。

图 8-14 最终的页面效果

8.3 小结和练习

8.3.1 小结

本章讲述了如何设计并实现一个内容发布系统的基本框架,这个系统功能很少,后台的管理逻辑甚至文章的发布都没有实现。如果读者感兴趣的话,可以自行完成这些功能,让这个发布系统真正变成一个完整的内容管理系统。

8.3.2 练习

通过本章的学习,读者可以尝试:

- 开发自己的内容发布小程序,有条件的可以尝试上线。
- 完善小程序的各项功能,添加取出文章中的首页图片、自动截取并且在列表中显示简介等内容。
- 尝试添加新的功能,如搜索或分类等。

第 9 章
实战：使用 Canvas 绘制图片

本章是 Canvas 一个最常见的使用场景，读者将会学习怎样推广小程序，怎样通过朋友圈的形式发布小程序，如何在后台服务器中获得小程序二维码。

本章涉及的知识点如下：

- 如何绘制 Canvas 生成图片。
- 如何获得用户专属二维码。
- 如何解决 Canvas 的自适应问题。

9.1 如何使用 Canvas 绘制生成图片

本节将介绍为什么使用 Canvas 绘制图片，以及实现一次朋友圈分享的流程思路。

9.1.1 为什么需要绘制生成图片

在所有小程序中有一个非常不友好的地方，就是不允许朋友圈分享。朋友圈作为一个社交中非常有效的传播手段，却因为小程序自身分享的局限性，从一开始到现在，都无法将小程序分享至朋友圈。

这是为用户使用体验考虑的，大量病毒传销式的分享可能让用户之间的传播变得过多且不可控，甚至会让朋友圈本身成为一个广告集中地，所以微信官方选择性地关闭了小程序的朋友圈分享功能。

但对一个小程序而言，能够分享到朋友圈，是非常重要的一种功能。其实微信官方并非完全关闭了小程序朋友圈分享的渠道，而是将发布朋友圈的权利交给了用户自己。用户可以生成一张用于分享的图片，并且将小程序的二维码加载到图片上面，这样就可以将小程序发布到朋友圈。这避免了微信朋友圈对小程序的屏蔽，对于小程序用户本身来说，不仅提高了用户体验，一个良好的朋友圈配图甚至可以吸引更多的用户发生裂变，让小程序本身更有价值，如图 9-1 所示。

图 9-1　朋友圈分享的小程序二维码

9.1.2　绘制生成图片的必要因素

运营人员推广小程序时，希望合理地进行用户间的传播，最好能在用户分享或传播后获得利益。但微信官方会因为各种原因阻止这种传播方式，如图 9-2 所示。

图 9-2 微信运营规范

在微信运营规范中，第 5 条的行为规范规定：在未经腾讯同意或授权的情况下，微信小程序提供的服务中，不得存在诱导类行为，包括但不限于诱导分享、诱导关注、诱导下载、诱导抽奖等。如不得要求用户分享、关注或下载后才可操作；不得要求用户分享或关注后才能获得抽奖机会或增加抽奖机会；不得含有明示或暗示用户分享、关注、下载的文案、图片、按钮等；不得通过利益诱惑、诱导用户分享、传播；不得用夸张言语来胁迫、引诱用户分享。

注意：推荐每一个微信小程序或者公众号的运营者都阅读一下微信小程序平台运营规范，其地址为 https://developers.weixin.qq.com/miniprogram/product/，这对于一个小程序本身的运营而言至关重要。

为了方便小程序在朋友圈加速传播，同时在微信的检查或用户的举报中不会因为分享而被封禁，用户生成并自主分享一个有价值或者好看、有趣的图片，在其上加载相关的小程序二维码这种方式，是非常有效的。

9.2 实战 1：在微信小程序中绘制需要的图片

小程序本身可以是多种多样的，互动类型、评测类型都是常见的小程序类型。通过 Canvas 生成图片的分享方式，也是除转发以外第 2 种相应的分享方式，本节就介绍这种分享方式是如何实现的。

9.2.1 需求分析

本案例选择评测类型，通过用户在一个问题上的作答，选择出一个简单的答案，将该答案对应的内容绘制在 Canvas 中，同时导出整个 Canvas 生成相应的图片内容，流程如图 9-3 所示。

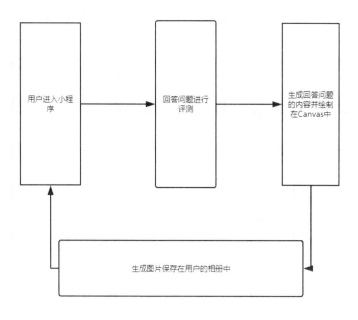

图 9-3　绘制小程序流程

9.2.2　创建小程序

使用 wepy 命令创建一个 WePY 工程，使用 npm install 命令安装依赖，等待安装成功后使用命令行工具键入命令 wepy build –watch，运行。

在文件 app.wepy 中新增一个页面 pages/test，并且开启 promisify 功能，其 app 中需要修改的部分如下所示。

```
config = {
 pages: [
  'pages/test'
 ],
 window: {
  backgroundTextStyle: 'light',
  navigationBarBackgroundColor: '#fff',
  navigationBarTitleText: 'Canvas 分享用户专属二维码
  navigationBarTextStyle: 'black',
```

```
      navigationStyle: 'custom'
      // enablePullDownRefresh: true
    }
  }
  constructor() {
    super()
    this.use('requestfix')
    this.use('promisify')
  }
```

接着在 pages 文件夹中创建 test.wepy 作为该微信的页面,并且在 pages/test.wepy 中编写如下代码。

```
<style>
  .page {
    background-color: #fef9d1;
    background-repeat: no-repeat;
    background-size: 100vw, 100vh;
    width: 100vw;
    height: 100vh;
  }
</style>
<template>
  <view class="page">
  </view>
</template>
<script>
  import wepy from 'wepy';
  export default class test extends wepy.page {
  }
</script>
```

成功运行后,微信开发者工具中会出现该 test 页面,为一个空白但是具有底色的页面。

9.2.3 创建组件

在 components 文件夹下创建一个组件,用于展示图片,组件命名为 userCanvas.wpy。在 userCanvas.wpy 中输入以下代码。

```
<style lang="less">

</style>
```

```
<template>

</template>
<script>
  import wepy from 'wepy'

  export default class userCanvas extends wepy.component {
    data = {}
    events = {}
    methods = {}
    onLoad() {
    }
  }
</script>
```

接下来,在组件的<template>标签中创建一个 Canvas 标签,id 命名为 shareCanvas,样式命名为 myCanvas。

```
<canvas canvas-id="shareCanvas" style="width:200px;height:400px"></canvas>
```

样式的代码如下所示,主要是为了实现在不同手机页面中的自适应。

```
<style lang="less">
  .myCanvas {
    width: 80vw;
    height: 70vh;
    background-color: #fff;
  }
</style>
```

9.2.4 图片主页

返回主页,制作一个不同的用户选择的选择题。在 test.wpy 页面中增加一个背景,选择题的问题和答案都显示在页面之上。题目和答案均存放在 data 中,并且在答案存在的<view>标签中绑定一个 tap 事件,为了下一步下载 Canvas 生成的图片,在页面的最下方创建一个按钮,并且绑定 eventDraw 事件。读者暂时不用在意该事件具体的行为和具体逻辑。

<template>标签中的代码如下所示。

```
<view class="page">
  <view style="padding-top: 10vh;">
    <view class="panel">
```

```
    <view style="font-size: 15px ">
      <view style="border-bottom: 1px solid #dbdbdb; padding: 10px;">
        {{question}} {{textValue}}
      </view>
      <view style="padding-top:10% " class="answer" @tap="tap(0)">
        A.{{answerList[0]}}
      </view>
      <view class="answer" @tap="tap(1)">
        B.{{answerList[1]}}
      </view>
      <view class="answer" @tap="tap(2)">
        C.{{answerList[2]}}
      </view>
      <view class="answer" @tap="tap(3)">
        D.{{answerList[3]}}
      </view>
    </view>
  </view>
</view>
<view style="padding-top: 10%">
  <button bind:tap="eventDraw" style="width: 90%">绘制</button>
</view>
</view>
```

在<script>中，需要对 answer 和 question 及存放答案的变量 textValue 赋值，在 methods 对象中添加一个 tap 单击方法，将 textValue 赋值为答案中的值，显示在页面上。

```
export default class test extends wepy.page {
  onLoad(options) {
  }

  // Page 和 Component 共用的生命周期函数
  components = {
  };
  // 只在 Page 实例中存在的配置数据，对应于原生的 page.json 文件
  config = {};
  data = {
    question: '您最爱的数字是',
    answerList: ['选择1', '选择2', '选择3', '选择4'],
    textValue: '_____'
  };  // 页面所需数据均需在这里声明，可用于模板数据绑定
  methods = {
```

```
    tap(num) {
      this.textValue = this.answerList[num];
      this.$apply();
    },
  },
};
```

这样，基本上完成了一个简单的选择题功能，如图 9-4 所示，下一步就是使用之前写好的 userCanvas 组件来完成图片的绘制功能。

图 9-4 选择选项

需要在 test.wpy 页面中引入该组件，并且在 components 中声明，具体代码如下所示。

```
import userCanvas from '../components/userCanvas';
……
  components = {
    userCanvas: userCanvas
  };
```

声明成功后在页面中引用该组件，但是这里需要做一个小小的设计，该界面中的 userCanvas 组件是隐藏的，只有当用户选择相关的选项并且单击绘制按钮时，才会将 userCanvas 显示出来，并且将选择题目的部分隐藏掉。

这里使用两个样式的 display 属性来实现这个功能，当用户单击绘制后，将 cShow（Canvas 显示的控制）赋值为 true，并且将 tShow（题目和按钮的显示控制）赋值为 false。修改后的 eventDraw 方法如下所示。

```
eventDraw() {
  this.cShow='true'
  this.tShow='none'
  this.$apply();
},
```

修改后的页面代码如下所示。

```
<view class="page">
  <view style="padding-top: 10vh;">
    <view class="panel">
      <view style="display:{{cShow}}">
        <userCanvas></userCanvas>
      </view>
      <view style="font-size: 15px;display:{{tShow}}">
        <view style="border-bottom: 1px solid #dbdbdb; padding: 10px;">
          {{question}} {{textValue}}
        </view>
        <view style="padding-top:10% " class="answer" @tap="tap(0)">
          A.{{answerList[0]}}
        </view>
        <view class="answer" @tap="tap(1)">
          B.{{answerList[1]}}
        </view>
        <view class="answer" @tap="tap(2)">
          C.{{answerList[2]}}
        </view>
        <view class="answer" @tap="tap(3)">
          D.{{answerList[3]}}
        </view>
      </view>
    </view>
  </view>
  <view style="padding-top: 10%;display:{{tShow}}">
    <button bind:tap="eventDraw" style="width: 90%">绘制</button>
  </view>
</view>
```

这个时候，当用户单击"绘制"按钮时，会显示出 userCanvas 组件，而原本页面上的内容会自动隐藏，下一步就是使用 Canvas 实现绘制功能。

9.2.5 绘制图片

这里要使用两个 Canvas 相关的 API，分别是 canvasToTempFilePath 和 createCanvasContext，可以直接在单击时绘制整个图片，并保存图片，以下为修改后的代码。

```
eventDraw() {
  const ctx = wepy.createCanvasContext('shareCanvas')
  ctx.drawImage('../public/bg.png', 0, 0, 400, 900)
  ctx.setTextAlign('center')
  ctx.setFillStyle('#fff')
  ctx.setFontSize(20)
  ctx.fillText(this.question+this.textValue, 300/2, 100)
  ctx.draw()

  this.cShow = 'true'
  this.tShow = 'none'
  this.$apply();
  wepy.showLoading({
    title: '绘制分享图片中',
    mask: true,
    duration:2000
  }).then(()=>{
    wepy.canvasToTempFilePath({canvasId: 'shareCanvas'}, this).then((res) => {
      return wepy.saveImageToPhotosAlbum({filePath: res.tempFilePath});
    }).then(res => {
      wx.showToast({title: '已保存到相册'});
    });
  });
},
```

此时，用户单击"绘制"按钮即可获得一张绘制完成的图片，如图 9-5 所示，并且会自动提示保存在本机相册中。

注意：在使用 wepy.saveImageToPhotosAlbum 这个 API 时有一个问题，部分手机在直接用 then 方法后调用时，会出现无效的情况，所以需要将其稍作一个短暂的延迟。

图 9-5　Canvas 绘制图片

9.3　实战 2：流行的手机背景生成小程序

上一节中已经介绍了如何使用 Canvas 绘制一张手机图，并且将其保存在手机中。本节的小程序将会对 Canvas 本身进行更加深入的学习。

本例选择了使用 Canvas 生成一张手机背景图片的，通过本节的学习，读者也可以了解到市面上的背景生成小程序是如何制作的。

9.3.1　系统规划设计

本实例中的相关代码是对小程序 Canvas 和图片生成内容的深入开发，完成的项目实例是一个背景生成小程序。

基本实现方式：通过用户选择相关的文字内容、相关的背景颜色和文字颜色、文字的数量，将所有的文字内容绘制在一个 Canvas 中，给出不同的随机位置，最终生成一个弹幕类型的手机背景，如图 9-6 所示。

这里有几个基本的注意点，生成怎样的背景对应着文字的显示方式和位置，在配置中允许用户选择横纵的方式，同时应当判断文字的出现数量，这里采用<picker>组件进行配置的选择，在数量的控制上采用<swiper>组件，通过滑块的数量控制。

图 9-6　B 站弹幕

基本流程如下：

- 用户进入小程序后可以选择首页中系统默认的图片进行下载，同时首页中的图片可以用于宣传小程序。
- 用户可以单击导航栏中的制作背景的导航按钮，自动跳转到背景制作页面中。
- 需要在制作背景页面的选项中选择生成的参数，提供一个完全随机的选择项，该选择项会在服务器中获取一个生成的数据，以供用户生成相应的图片。
- 当用户输入完成相关的参数或者单击了随机生成后，在原本隐藏的 Canvas 中绘制这些参数对应的背景内容，并且显示 Canvas。
- 当 Canvas 的绘制完成后，自动下载该背景图片至手机相册中，供用户挑选使用这些生成的图片。

绘制图片时的基本流程如图 9-7 所示。

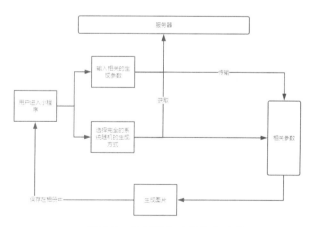

图 9-7　绘制图片时的基本流程

9.3.2 后台路由设计

之前的项目中已经涉及很多后台的代码,本节只设置两个简单的路由:获得背景图片随机的生成内容和用来记录用户相关数据的 API,如表 9-1 所示。

表 9-1 获取相关参数

API 地址	说 明
/createBg/getRandomInput	获得相关的生成背景的参数
/createBg/sendUserInput	记录用户相关数据

9.3.3 系统后台编码

(1)和之前的后台服务器一样,先在 RouteServiceProvider.php 中创建一个指定的路由文件地址和统一的前缀,代码如下所示。

```
// 弹幕壁纸
Route::prefix('Wallpaper/api')
    ->middleware('api')
    ->namespace($this->namespace)
    ->group(base_path('routes/wallpaper.php'));
```

(2)在 routes 文件夹中创建路由文件 wallpaper.php,用来指定上一节指定的两个路由,代码如下所示。

```
Route::group(['namespace' => 'Wallpaper\Api'], function () {
    Route::get('/createBg/getRandomInput', 'IndexController@getRandomInput');
    Route::post('/createBg/sendUserInput', 'IndexController@sendUserInput');
});
```

(3)编写控制器的逻辑编码,在 Http\Controller\Wallpaper\Api 文件夹中创建一个 IndexController.php,基础代码如下所示,控制器需要引入统一的 API 返回方法 Common.php。

```
<?php

namespace App\Http\Controllers\Wallpaper\Api;

use App\Model\Wallpaper;
use App\Traits\Common;
use Illuminate\Http\Request;
use App\Http\Controllers\Controller;
```

```php
class IndexController extends Controller
{
    use Common;
}
```

(4)统一返回,Common.php 中的代码如下所示。

```php
<?php

namespace App\Traits;

trait Common
{
    function apiReturn($code = 0, $data = [], $message = '')
    {
        $returnObj = [
            'code' => $code,
            'data' => $data,
            'message' => $message
        ];
        return response()->json($returnObj);
    }
}
```

(5)用户生成的墙纸内容需要一个数据表,保存相关的信息,数据结构如图 9-8 所示。

名	类型	长度	小数点	不是 null	键	注释
id	int	11	0	☑	🔑1	
wx_id	int	11	0	☐		
info	text	0	0	☐		用户生成的背景信息(json字符串形式)
created_at	timestamp	0	0	☐		
updated_at	timestamp	0	0	☐		

图 9-8 背景图像资料表数据结构

(6)这张数据表应当有一个相对应的 Model,在服务器代码的 Model 文件夹中创建一个文件 Wallpaper.php,代码如下所示。

```php
<?php
namespace App\Model;
use Illuminate\Database\Eloquent\Model;

class Wallpaper extends Model
{
```

```
    protected $table = 'wx_wallpaper_userbg';
    protected $hidden = ['updated_at'];
}
```

（7））接下来是两个接口，一个保存用户生成的图片信息，小程序端会通过接口传输用户生成背景的所有配置信息到后台服务器，而服务器会将此信息存储到数据库，逻辑代码如下所示。

```
/**
 * @return \Illuminate\Http\JsonResponse
 * 生成墙纸获得用户上传的图片资料
 */
public function sendUserInput(Request $request)
{
    $user = $request->input('userInfo');
    $wallpaper = new Wallpaper();
    $wallpaper->wx_id = $user->id;
    $wallpaper->info = $request->input('info');
    $wallpaper->public = 0;
    $wallpaper->save();
    return $this->apiReturn();
}
```

另一个随机获得背景生成内容，也可以通过随机数的形式在数据库中取出相应的内容，完整代码如下所示。

```
/**
 * @return \Illuminate\Http\JsonResponse
 * 获取一个随机的输入资料
 */
public function getRandomInput()
{
    $wallpapers = Wallpaper::where('public', 1)->get();
    // 暂时使用 0-9 的随机数
    $number = rand(0, 9);
    return $this->apiReturn(0, $wallpapers[$number], '');
}
```

这样，该项目中的后台部分就完成了。

9.3.4 小程序页面编写

使用 WePY 初始化一个小程序的项目工程，并使用 npm install 命令完成相关依赖项的安装，同时使用 wepy build –watch 监听编译小程序项目，使小程序可以正常运行。

主要涉及的功能是壁纸的生成，这里创建一个页面用于选择和绘制用户想要生成的壁纸内容。

在项目 pages 文件夹下创建一个页面文件 wallpaper.wpy，根据之前的系统规划设计的内容，设置其需要选择的选项和选择器中的内容，页面显示部分的主要代码和页面样式的代码如下所示。

```
<style lang="less">
  @import '../css/index.less';

  page {
    font-size: unit(30, rpx);
  }

  input {
    border: unit(1, rpx) solid #000;
    width: 80vw;
    margin-left: 10vw;
    margin-top: 5vw;
    font-size: unit(30, rpx);
  }

  .slider {
    width: 80vw;
  }

  .item {
    margin-left: 10vw;
    margin-top: 5vw
  }

  .btn_item {
    float: left;
    margin-top: 5vw;
    margin-left: 5vw;
  }

  .canvas_bg {
    z-index: 1;
    position: fixed;
    background-color: rgba(0, 0, 0, 0.5);
    height: 100vh;
```

```
      width: 100vw
    }

    .input_block {
      padding-top: 5vw;
    }
</style>
<template>
  <view style="display: {{cShow}}" class="canvas_bg">
    <canvas style="width: {{screen.width}}px; height: {{screen.height}}px;
margin-top: 5vw;margin-left: 10vw"
            canvas-id="canvas"></canvas>
  </view>
  <view class="input_block">
    <!--选择弹幕的形式-->
    <view>
      <input bindinput="wordInput" placeholder="输入您需要的文字，请以空格隔开"/>
    </view>
    <view class="item">
      <label>选择您想要出现的文字条数</label>
      <slider class="slider" bindchange="sliderchange" min="1" max="50"
show-value/>
    </view>
    <view class="item">
      <picker bindchange="bindSortPickerChange" value="{{sortIndex}}" range-key=
"text" range="{{sortArray}}">
        <view class="picker">选择排序方式：{{sortArray[sortIndex].text}}</view>
      </picker>
    </view>
    <view class="item">
      <picker bindchange="bindBgColorPickerChange" value="{{bgColorIndex}}"
range-key="text" range="{{bgColorArray}}">
        <view class="picker">选择您想要的背景颜色：{{bgColorArray[bgColorIndex].
text}}</view>
      </picker>
    </view>
    <view class="item">
      <picker   bindchange="bindWordPickerChange"    value="{{wordColorIndex}}"
range-key="text" range="{{wordColorArray}}">
        <view class="picker">文字颜色：{{wordColorArray[wordColorIndex].text}}</view>
      </picker>
```

```
    </view>
    <view class="btn_item">
      <button @tap="getUserPic" style="width: 40vw;" size="mini">点我生成</button>
    </view>
    <view class="btn_item">
      <button style="width: 40vw" size="mini">不填完全随机生成</button>
    </view>
  </view>
</template>
```

9.3.5 小程序逻辑编写

上述页面涉及一个文本输入框、文字条数选择器和 3 个不同的选择器，设置页面的基础显示内容和其绑定监控改变时的输入内容。页面基础代码如下所示。

```
<script>
  import wepy from 'wepy'
  import wxCommon from '../mixins/wxCommon'
  import wxCommonUtil from '../mixins/wxCommonUtil'
  import wallpaperMixins from '../mixins/wallpaperMixins'

  export default class wallpaper extends wepy.page {
    config = {
      navigationBarTitleText: '背景制作'
    }
    components = {}

    mixins = [wxCommon, wallpaperMixins, wxCommonUtil]

    data = {
      screen: {width: 0, height: 0},
      words: [],
      cShow: 'none',
      sortIndex: 0,
      sortArray: [{text: '竖行', value: 1}, {text: '横行', value: 2}],
      bgColorIndex: 0,
      bgColorArray: [{text: '黑色', value: '#000'}, {text: '白色', value: '#fff'}, {
        text: '灰色',
        value: '#ababab'
      }, {text: '蓝色', value: '#38f'}, {text: '黄色', value: '##f79734'}, {text: '橙色', value: '#f5b136'}, {
```

```
        text: '棕色',
        value: '#b58022'
      }],
      wordColorIndex: 0,
      wordColorArray: [{text: '随机', value: 'rad'}, {text: '黑色', value: '#000'}, {
        text: '白色',
        value: '#fff'
      }, {text: '灰色', value: '#ababab'}],
      number: 1
    }

    computed = {}

    methods = {
      wordInput(e) {
        let tempWord = e.detail.value
        this.words = tempWord.split(' ')
        this.$apply()
      },
      sliderchange(e) {
        this.number = e.detail.value
        this.$apply()
      },
      bindSortPickerChange(e) {
        this.sortIndex = e.detail.value
        this.$apply()
      },
      bindBgColorPickerChange(e) {
        this.bgColorIndex = e.detail.value
        this.$apply()
      },
      bindWordPickerChange(e) {
        this.wordColorIndex = e.detail.value
        this.$apply()
      }
    }

    events = {}

    onLoad() {
    }
  }
</script>
```

这样就完成了一个基础的输入形式，可以及时监控和改变用户的输入信息，如图9-9所示。

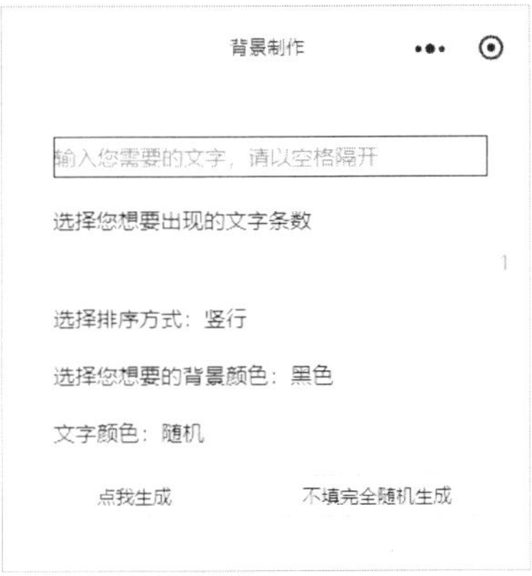

图 9-9　页面显示内容

背景页面是根据手机的不同型号、不同分辨率生成的，所以需要在小程序页面加载时获得该手机的相关信息，使用 wx.getSystemInfoSync()这个 API 获取，然后保存在小程序的存储中，代码如下所示。

```
  onLoad() {
    that.getPhoneInfo()
  }
// 通过获取用户的手机屏幕尺寸来控制图片和画布大小
 getPhoneInfo() {
   let system = wx.getStorageSync('system')
   if (!system) {
     try {
       system = wx.getSystemInfoSync()
       // 缓存
       wx.setStorageSync('system', system)
     } catch (e) {
       console.log('出现错误')
     }
   }
   this.screen.width = system.screenWidth * 0.8
   this.screen.height = system.screenHeight * 0.8
   this.$apply()
 }
```

页面载入时获得用户的设备信息，并保存在小程序的存储中，如图9-10所示。

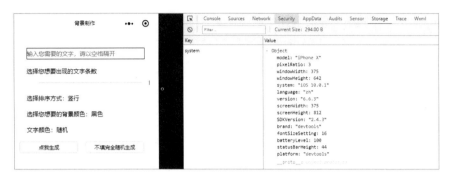

图 9-10　获得设备信息

该页面中有两个绑定的方法，随机生成主要是从服务器中获取数据再生成背景图片。当用户填写了内容后，单击"点我生成"按钮，该按钮绑定了 getUserPic()方法，这个方法会先检测用户的输入情况，如果用户没有输入合适的数据则提示相关的信息，不生成图片，确保其填写的生成信息无误后，才使用 Canvas 绘制生成背景图片，代码如下所示。

```
    methods = {
......
      getUserPic() {
        // 生成图片
        if (this.checkUserInput()) {
          this.cShow = 'true'
          this.$apply()
          this.drawPic()
        } else {
          wepy.showModal({
            title: '提示',
            content: '您为输入正确的生成配置'
          })
        }
      }
    }
      // 检测用户的输入
      checkUserInput() {
        if (this.words.length >= 1) {
          return true
        } else {
          return false
        }
      }
```

9.3.6 小程序绘制逻辑编写

接下来,已经获得用户填写的相关配置信息了,在 Canvas 中绘制相关内容,绘制方法 drawPic() 代码如下所示。

```
// 绘制背景图片
drawPic(input) {
  let tempInput = {}
  if (input) {
    tempInput = input
  } else {
    tempInput = {
      bgColor: this.bgColorArray[this.bgColorIndex],
      words: this.words,
      number: this.number,
      sort: this.sortArray[this.sortIndex],
      wordColor: this.wordColorArray[this.wordColorIndex]
    }
  }
  this.sendUserInput(tempInput)
  const ctx = wx.createCanvasContext('canvas')
  ctx.setFillStyle(tempInput.bgColor.value)
  // 背景颜色
  ctx.fillRect(0, 0, this.screen.width, this.screen.height)
  ctx.translate(this.screen.width / 2, this.screen.height / 2)
  // 排序方式
  if (tempInput.sort.value === 1) {
    console.log(tempInput.sort.value)
    ctx.save()
    ctx.rotate(90 * Math.PI / 180)
  } else {
    console.log(tempInput.sort.value)
  }
  // 循环条数
  for (let i = 0; i < this.number; i++) {
    let x = this.randomNum(-(this.screen.width / 2), this.screen.width / 2)
    let y = this.randomNum(-(this.screen.height / 2), this.screen.height / 2)
    let textNum = this.randomNum(0, this.words.length - 1)
    // console.log('长度' + textNum)
    let text = this.words[textNum]
    let color = ['#ababab', '#fff', '#777', '#eaa2a2', '#dca2ea', '#a2b5ea', '#a2eae7', '#cbeaa2', '#ead7a2', '#eaa2a2']
```

```
  let num = this.randomNum(0, 9)
  if (this.wordColorArray[this.wordColorIndex].value === 'rad') {
    // 是随机颜色时
    ctx.setFillStyle(color[num])
  } else {
    // 给合适的文字颜色
    ctx.setFillStyle(this.wordColorArray[this.wordColorIndex].value)
  }
  // 填充内容
  ctx.fillText(text, x, y)
}
ctx.draw()
}
```

获得该 Canvas 的实例后,在该组件上首先绘制其背景颜色和通过旋转画布确定其横向或者纵向的背景图片,再通过随机数获取每一个文字的绘制位置和随机的颜色信息,在页面中绘制。

首先配置页面,如图 9-11 所示。

单击"点我生成"按钮,会生成弹幕背景图片,并且保存在用户的手机相册中,最终显示效果如图 9-12 所示。

图 9-11 配置生成信息

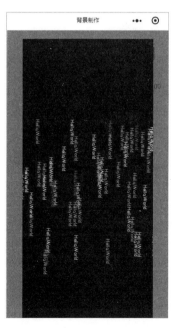

图 9-12 生成的弹幕背景效果

9.4 小结和练习

9.4.1 小结

本章使用了大量小程序中 Canvas 的实例，几乎不涉及后端服务器的相关代码内容，这是因为对于小程序的应用而言，其中画布的应用几乎是现在流行的小程序的一个共同点，多款爆款应用都和生成图片有关，即使不涉及照片处理、评测分享、背景生成的小程序，也选择了图片分享朋友圈的方式。

所以通过系统的方式编写 Canvas 的相关代码，并且将其封装成相关的组件，是非常重要的内容。

9.4.2 练习

通过本章的学习，相信读者已经理解了 Canvas 如何生成相应的图片，希望读者可以练习以下的内容。

- 开发自己的图片生成或者图片处理小程序。
- 分析如何在 Canvas 中绘图。
- 分析圣诞帽生成等 Canvas 小程序是如何运作的，有能力的读者可以自行实现。

第 10 章
实战：使用 mpvue 实现"历史今日"小程序

小程序的开发不仅可以使用原生或微信官方开发的 WePY 框架，在应用环境中还有其他相应的小程序框架，这类框架和 WePY 框架相比各有优势，本章就来学习这类框架中的一种：mpvue 框架。

本章涉及的知识点如下：

- mpvue 框架的安装。
- 使用 mpvue 框架创建和配置小程序。
- mpvue 项目的生成。

10.1 支持 Vue.js 语法的 mpvue 框架

mpvue 是一个使用 Vue.js 开发小程序的前端框架。框架基于 Vue.js 核心，mpvue 修改了 Vue.js

的 runtime 和 compiler 实现，使其可以运行在小程序环境中，从而为小程序开发引入了一整套 Vue.js 开发体验。

也就是说，mpvue 框架解决了原生微信小程序中不支持 npm，以及部分写法复杂烦琐导致的一些问题，同时 mpvue 也是市面上出现最早的小程序开发框架，而官方发布 WePY 的很大一个原因是 mpvue 框架的出现。伴随着小程序开发市场的不断发展和改进，越来越多的框架涌现，开发者都是萝卜青菜各有所爱。

10.1.1　mpvue 框架基础

因为近几年 Vue.js 的流行，大量开发者选择了使用 Vue.js 进行前端开发，在 Vue.js 技术基础上也延伸出了其他的一些技术，其中 mpvue 框架即为其中之一。

使用 mpvue 开发小程序，拥有以下一些优势：

- 支持使用 npm 外部依赖。
- 彻底的组件化开放能力和 Vue.js 开发体验。
- 能够使用多种 Vue.js 中的组件，方便开发。
- 可以使用 Webpack 构建压缩完整的小程序项目。
- 支持使用 npm 外部依赖。
- 使用 Vue.js 命令行工具 vue-cli 快速初始化项目。

mpvue 本身还是以 JavaScript 为基础的一种技术框架，和 WePY 框架一样，现代前端开发框架和环境都是依赖于 Node.js 的，如果在之前章节的学习中已经下载 Node.js 并成功安装，则完成了 mpvue 环境的搭建。

如果读者曾经开发过 Vue.js 相关的前端应用，对 mpvue 框架的学习几乎是"无缝式的"。它的开发过程和 Vue.js 保持高度一致，使用的命令行工具也还是开发 Web 应用时所用的 vue-cli。

10.1.2　mpvue 框架环境搭建

安装 mpvue 框架的前提是必须安装合适的 Node.js 和可以运行的 npm 包，安装过程本书前面已经提到过，不再赘述。

（1）保证 npm 和 Node.js 可用后，使用如下代码安装 Vue.js 环境。

```
# 全局安装 vue-cli
# 如果是 Linux 或者 UNIX 等一般是要 sudo 权限的
npm install --global vue-cli@2.9
```

在 Windows 中使用 CMD 安装环境，安装效果如图 10-1 所示。

图 10-1　Vue.js 安装效果

（2）等待安装完成后，如果没有出现错误提示，即成功安装了 Vue.js 环境，可以在 CMD 中输入 vue，如图 10-2 所示，表示已经成功安装，接下来就可以构建应用了。

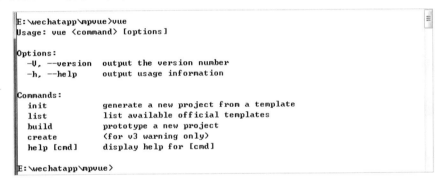

图 10-2　vue 安装成功

（3）mpvue 使用 vue-cli 构建工具，其中使用了一个 vue.js 模板，此模板用来支持 mpvue 的小程序的生成，使用如下代码可以新建一个 mpvue 的工程。

```
# 创建一个基于 mpvue-quickstart 模板的新项目
vue init mpvue/mpvue-quickstart "项目名称"
```

生成的过程和配置命名等如图 10-3 所示，这样就生成了一个没有编写代码的空白 mpvue 工程。

第 10 章 实战：使用 mpvue 实现 "历史今日" 小程序

图 10-3 新建 mpvue 工程

（4）等待工程创建完成，编辑器也自动下载生成了相关的代码文件，如图 10-4 所示。

图 10-4 项目文件

（5）在此工程中并没有安装项目的依赖项，所以需要使用 cd 命令进入该项目文件夹，再使用 npm install 安装 JavaScript 依赖，安装过程如图 10-5 所示。

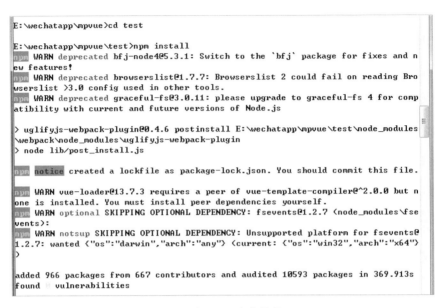

图 10-5　安装依赖

（6）这样，一个完整的小程序项目就已经完成了，和 WePY 工程一样，mpvue 也无法直接运行在小程序环境中，需要使用相应的编译。使用如下命令编译工程，如图 10-6 所示。

npm run dev

图 10-6　编译代码

10.1.3　mpvue 快速入门

等待项目编译完成，mpvue 并不支持 WePY 项目提供的监听改动自动重新编译的形式。如果用户加载了新的页面，需要运行 npm run dev 来重新编译项目，通过微信小程序开发工具，指定其工程中的 dist|wx 文件夹即可运行小程序，配置如图 10-7 所示。

第 10 章 实战：使用 mpvue 实现"历史今日"小程序

图 10-7　配置小程序项目

单击"确定"按钮，可以看到该小程序的内容，它在页面上显示了两个文本框：一个实时的输入框会改变显示的值，另一个是当失去了焦点时会更新页面变量，如图 10-8 所示。

图 10-8　示例小程序

10.1.4　项目工程文件说明

项目安装完成后，主要编写代码都在文件夹 src 中，代码文件结构如图 10-9 所示。

和 WePY 工程中所有的页面文件后缀名称都是.wpy 一样，在 mpvue 工程中，小程序页面文件和组件中的小程序组件都以.vue 作为文件后缀，因为 mpvue 采用 Vue.js 作为基础。

图 10-9 代码文件结构

app.json 文件是页面的定义和小程序的配置,代码如下所示。可以看出,工程中定义了两个页面,路径为 pages/index/main 和 pages/logs/main,并且配置了其 window 样式。

```
{
  "pages": [
    "pages/index/main",
    "pages/logs/main"  ],
  "window": {
    "backgroundTextStyle": "light",
    "navigationBarBackgroundColor": "#fff",
    "navigationBarTitleText": "WeChat",
    "navigationBarTextStyle": "black"
  }
}
```

另一个文件 App.vue 是项目的逻辑地址,App.vue 和 app.json 这两个文件相当于 WePY 工程中的 app.wpy 文件。

如 app.json 中的定义内容,在 pages 文件夹中存放页面代码,mpvue 示例项目中的首页存放在 pages/index/main 中。不过和 WePY 工程中不一样的是,在 WePY 项目工程中一个页面即一个.wpy 文件,但是 mpvue 页面的引用地址其实并不是一个.vue 文件,而是一个 JavaScript 文件,比如在 pages/index 文件夹中的 main.js 文件,代码如下所示。

```
import Vue from 'vue'
import App from './index'

const app = new Vue(App)
app.$mount()
```

那么 main.js 如何引用 index.vue 中的代码呢?其实是通过上述代码中的 App 对象引入的。index.vue 页面中的代码如下所示,可以看出,静态页面中的代码和 WePY 中的代码基本上一致。

```
<template>
  <div class="container" @click="clickHandle('test click', $event)">
    <div class="userinfo" @click="bindViewTap">
```

```html
      <img class="userinfo-avatar" v-if="userInfo.avatarUrl" :src="userInfo.avatarUrl" background-size="cover" />
      <div class="userinfo-nickname">
        <card :text="userInfo.nickName"></card>
      </div>
    </div>

    <div class="usermotto">
      <div class="user-motto">
        <card :text="motto"></card>
      </div>
    </div>
    <form class="form-container">
      <input type="text" class="form-control" v-model="motto" placeholder="v-model" />
      <input type="text" class="form-control" v-model.lazy="motto" placeholder="v-model.lazy" />
    </form>
  </div>
</template>
```

当然，页面中最重要的内容，就是页面逻辑的 JavaScript 代码，通过<script></script>标签引入，不需要使用 import 引入除使用到的 JavaScript 资源和组件以外的内容，代码如下所示。

```
<script>
import card from '@/components/card'

export default {

  data () {
    return {
      motto: 'Hello World',
      userInfo: {}
    }
  },

  components: {
    card
  },

  methods: {
    bindViewTap () {
```

```
      const url = '../logs/main'
      wx.navigateTo({ url })
    },
    getUserInfo () {
      // 调用登录接口
      wx.login({
        success: () => {
          wx.getUserInfo({
            success: (res) => {
              this.userInfo = res.userInfo
            }
          })
        }
      })
    },
    clickHandle (msg, ev) {
      console.log('clickHandle:', msg, ev)
    }
  },

  created () {
    // 调用应用实例的方法获取全局数据
    this.getUserInfo()
  }
}
</script>
```

代码具体说明如表 10-1 所示。

表 10-1　代码具体说明

对　象　名　称	说　　　明
data	页面变量定义和初始化
components	页面中使用的引入组件
methods	页面中绑定的触发方法
created	页面创建时的触发方法

页面的样式效果和 WePY 工程中的一样,通过 style 标签引入,代码如下所示。

```
<style scoped>
.userinfo {
  display: flex;
  flex-direction: column;
```

```
  align-items: center;
}

.userinfo-avatar {
  width: 128rpx;
  height: 128rpx;
  margin: 20rpx;
  border-radius: 50%;
}

.userinfo-nickname {
  color: #aaa;
}

.usermotto {
  margin-top: 150px;
}

.form-control {
  display: block;
  padding: 0 12px;
  margin-bottom: 5px;
  border: 1px solid #ccc;
}
</style>
```

10.2 使用 mpvue 创建"历史今日"小程序

对于一项技术而言,最好的练习方式就是完成一个简单的项目。本节使用 mpvue 开发一个简单的小程序,该小程序不涉及后台逻辑,使用 API 直接开发小程序代码。

10.2.1 项目规划

本节制作一个简单的"历史今日"小程序,基本功能是在用户打开小程序时请求服务器,返回"历史上的今天"的相关信息,然后显示在小程序中。本小程序使用一个简单的公共 API,地址如下所示。

https://www.uneedzf.com/wepyBook/api/getToday

此 API 通过 postman 或者网页访问,会返回当日的"历史今日",如图 10-10 所示。

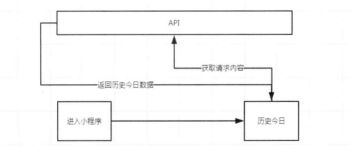

图 10-10 API 返回内容

注意：本书提供的小程序如果访问出现错误或者获得内容错误，读者可以自行在网上寻找相应的 API，或者自行编写相关的代码。

项目绘制成流程图，如图 10-11 所示，是一个相对之前的示例而言非常简单的小程序。

图 10-11 基本流程

10.2.2 项目新建页面

通过前面的项目规划，读者已经看出，这个小程序只有一个简单的页面。先创建一个 mpvue 工程，并且使用 npm install 安装依赖项，使用 npm 运行小程序的编译。

（1）在 app.json 中设置页面内容。新建一个页面 historyToday，代码如下所示。

```
{
  "pages": [
    "pages/historyToday/main"
  ],
  "window": {
    "backgroundTextStyle": "light",
    "navigationBarBackgroundColor": "#fff",
    "navigationBarTitleText": "历史今日",
    "navigationBarTextStyle": "black"
  }
}
```

（2）在 pages 文件夹中新建 historyToday 文件夹，在其中新建一个 index.vue 文件、一个 main.js 文件。其中 main.js 文件需要引入 index.vue 的内容，并且引入 Vue，代码如下所示。

```
import Vue from 'vue'
import App from './index'

const app = new Vue(App)
app.$mount()
```

（3）在 index.vue 文件中，使用如下基础代码模板初始化文件。

```
<template>
  <div>
    HelloWorld
  </div>
</template>

<script>
export default {
  components: {},

  data () {
    return {
```

```
      }
    },
    created () {
    }
}
</script>

<style>

</style>
```

（4）因为新建了一个 mpvue 页面，mpvue 项目必须使用如下代码重新编译，编译后会自动进入新建的页面中，如图 10-12 所示。

```
npm run dev
```

图 10-12　新建页面

10.2.3　请求接口逻辑编写

接下来编写接口的相关请求代码，本书不使用原生的小程序请求方式，为了让读者更加了解 mpvue 的开发，笔者选择第三方的 Flyio.js 作为用户在小程序上的请求内容。

（1）使用 npm 安装依赖包，代码如下所示。

npm install flyio --save.

　　mpvue 或 WePY 等项目虽然同样采用 Web 开发技术栈，运行的都是 JavaScript 代码，但小程序的应用环境并不完全是浏览器环境，像 jQuery 等库是无法在小程序中使用的。但 flyio.js 可以在小程序环境中运行，等待安装完成后，需要在入口文件中引用。

　　（2）flyio.js 需要使用 import 引入，为了方便开发者，可以将该包挂载在 Vue 的实例下，这需要在 src|main.js 中引入和编写代码，如下所示。

```
import Vue from 'vue'
import App from './App'
import Fly from 'flyio/dist/npm/wx'

Vue.config.productionTip = false
// 挂载在 Vue 中
Vue.prototype.$http = new Fly()
App.mpType = 'app'
const app = new Vue(App)
app.$mount()
```

　　（3）这样，就可以在所有的页面代码中使用该方法编写请求的内容了，并测试其是否已经可以对服务器发起相关的请求，在 index.vue 中编写项目的相关测试代码，在 onLoad() 方法中执行从服务器获取信息的方法 getData()。

　　和 WePY 工程中不同的是，这个方法需要写在 methods 对象中，代码如下所示。

```
    onLoad () {
      this.getData()
    }
// 页面中使用的方法
methods: {
    getData () {
      this.$http.get(this.url).then((res) => {
        if (res.data.code === 0) {
          // 获取成功

        } else {
          wx.showModal({
            title: '提示',
            content: res.data.message
```

```
        })
      }
    })
  },
},
```

可以在小程序的测试工具中看到其从服务器端获得的内容，如图10-13所示。

图 10-13　成功获得内容

（4）将该内容通过循环显示在页面中，页面变量的赋值不需要使用微信小程序的 setData 方法，也不用 WePY 赋值之后的$apply()，只需要直接赋值即可，更改后的代码如下所示。

```
getData () {
  this.$http.get(this.url).then((res) => {
    if (res.data.code === 0) {
      // 获取成功
      this.data = res.data.data
    } else {
      wx.showModal({
        title: '提示',
        content: res.data.message
      })
    }
  })
},
```

通过如此赋值的页面变量即可成功应用在小程序中，可以在开发者工具的 AppData 中查看该值。和 WePY 及原生微信小程序不同的是，这种方式赋值的 mpvue 小程序，其变量均挂载在$root

变量中，如图 10-14 所示。

图 10-14　页面变量

10.2.4　项目显示编写

mpvue 中对变量的循环输入显示，也不再使用微信小程序的 wx:for 形式或者 WePY 中的 <repeat></repeat> 标签，而是完全使用 Vue.js 中的循环方法，页面显示和循环代码如下所示。

```
<template>
  <div class="bg">
    <div class="title">历史上的今天</div>
    <div class="date">{{today}}</div>
    <div>
      <div v-for="item in data">
        {{ item._id }}
      </div>
    </div>
  </div>
</template>
```

页面的显示效果如图 10-15 所示，只显示出来简单的列表和获得的内容的_id、页面的标题和今天的日期。

为了方便用户查看，在标题下方显示了一个今天的日期，将此代码写在外部的 JavaScript 文件中，存放在 utils 文件夹中。

图 10-15 页面的显示效果

在 utils 文件夹中创建一个 JavaScript 文件 getTime.js，完整代码如下所示，主要提供一个获取当前日期的方法，返回值是一个不包含具体时间内容的日期字符串。

```javascript
// 获取当前时间，格式 YYYY-MM-DD
export function getNowFormatDate () {
  let date = new Date()
  let seperator1 = '-'
  let year = date.getFullYear()
  let month = date.getMonth() + 1
  let strDate = date.getDate()
  if (month >= 1 && month <= 9) {
    month = '0' + month
  }
  if (strDate >= 0 && strDate <= 9) {
    strDate = '0' + strDate
  }
  return year + seperator1 + month + seperator1 + strDate
}

export default {
  getNowFormatDate
}
```

在需要该方法的 index.vue 文件中，使用以下代码引用：

```javascript
import { getNowFormatDate } from '@/utils/getTime'
```

完整的页面 JavaScript 代码如下所示，在 onLoad 中调用了获得当前日期的方法和获得服务器数据的方法。

```
<script>
  import {getNowFormatDate} from '@/utils/getTime'

  export default {
    components: {},
    data () {
      return {
        data: [],
        today: '',
        url: 'https://www.uneedzf.com/wepyBook/api/getToday'
      }
    },
    methods: {
      getData () {
        this.$http.get(this.url).then((res) => {
          if (res.data.code === 0) {
            // 获取成功
            this.data = res.data.data
          } else {
            wx.showModal({
              title: '提示',
              content: res.data.message
            })
          }
        })
      },
      getToday () {
        this.today = getNowFormatDate()
      }
    },
    onLoad () {
      this.getData()
      this.getToday()
    }
  }
</script>
```

现在修正页面中只显示_id 的情况，让其显示接口返回的图片，以及内容的题目、日期和描述等信息，最终的页面代码如下所示。

```
<template>
  <div class="bg">
    <div class="title">历史上的今天</div>
    <div class="date">{{today}}</div>
    <div>
      <div class="item" v-for="item in data">
        <!--{{ item._id }}-->
        <div>
          <img :src="item.pic" style="width: 30vw" mode="widthFix"/>
        </div>
        <div class="item-right">
          <div style="font-size: 40rpx;padding-bottom: 3vw">
            {{item.year}}年{{item.month}}月{{item.day}}日
          </div>
          <div>
            {{ item.title }}
          </div>
          <div style="color: #ababab">
            {{item.des}}
          </div>
        </div>
      </div>
    </div>
  </div>
</template>
```

一个好看的页面离不开合理的样式内容，为这个页面增加简单的样式，如下所示。

```
<style>
  .title{
    text-align: center;
    font-size: 30px;
  }
  .date{
    font-size: 30rpx;
    color: #ababab;
    text-align: center;
    padding-bottom: 5vw;
  }
  .item {
    padding: 3vw;
    min-height: 50vw;
```

```
    border-top: 1px solid #eeeeee;
    position: relative;
  }

  .item-right {
    width: 50vw;
    position: absolute;
    right: 10vw;
    top: 3vw;
    font-size: 30rpx;
  }
</style>
```

这样，一个简单的 mpvue 小程序即开发完毕了，最终的显示效果如图 10-16 所示，会根据每天日期的不同获得不同的"历史今日"的内容，并且以图文的方式显示在小程序的页面中。

图 10-16　最终的显示效果

10.2.5　项目生成

使用 npm run dev 开发 mpvue 工程时，最终生成的项目内容位于 dist 文件夹中。该文件夹中的小程序可能包含了很多未经压缩或多余的代码，将此代码上传至微信的生产环境是不合适的，所以应当上传最终确定的小程序，而不是用于测试的小程序。

使用如下代码编译生成项目：

```
npm run build
```

这时使用 Webpack 压缩构建相关代码，构建过程如图 10-17 所示。

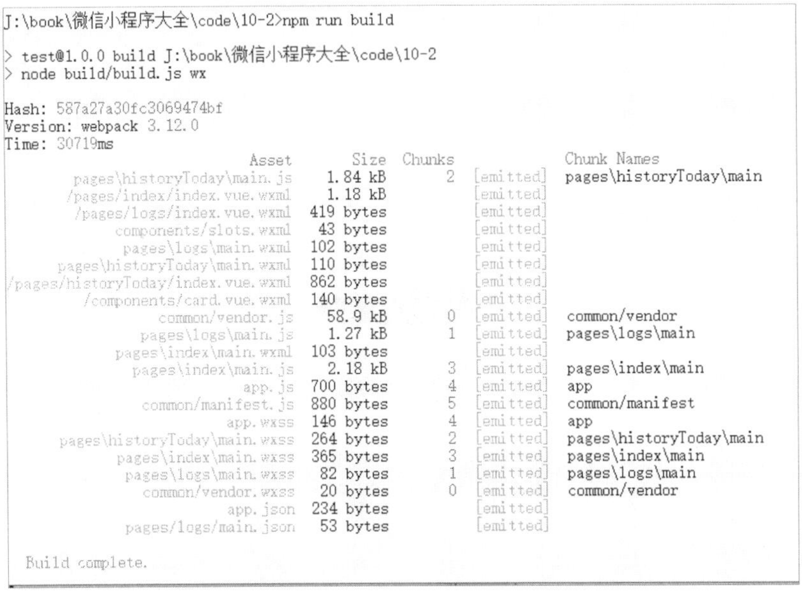

```
J:\book\微信小程序大全\code\10-2>npm run build

> test@1.0.0 build J:\book\微信小程序大全\code\10-2
> node build/build.js wx

Hash: 587a27a30fc3069474bf
Version: webpack 3.12.0
Time: 30719ms
                             Asset       Size  Chunks             Chunk Names
         pages\historyToday\main.js    1.84 kB       2  [emitted]  pages\historyToday\main
        /pages/index/index.vue.wxml    1.18 kB          [emitted]
         /pages/logs/index.vue.wxml  419 bytes          [emitted]
             components/slots.wxml   43 bytes          [emitted]
               pages\logs\main.wxml  102 bytes          [emitted]
       pages\historyToday\main.wxml  110 bytes          [emitted]
 /pages/historyToday/index.vue.wxml  862 bytes          [emitted]
        /components/card.vue.wxml  140 bytes          [emitted]
                  common/vendor.js    58.9 kB       0  [emitted]  common/vendor
                 pages\logs\main.js    1.27 kB       1  [emitted]  pages\logs\main
              pages\index\main.wxml  103 bytes          [emitted]
                pages\index\main.js    2.18 kB       3  [emitted]  pages\index\main
                             app.js  700 bytes       4  [emitted]  app
                common/manifest.js  880 bytes       5  [emitted]  common/manifest
                           app.wxss  146 bytes       4  [emitted]  app
       pages\historyToday\main.wxss  264 bytes       2  [emitted]  pages\historyToday\main
              pages\index\main.wxss  365 bytes       3  [emitted]  pages\index\main
               pages\logs\main.wxss   82 bytes       1  [emitted]  pages\logs\main
                common/vendor.wxss   20 bytes       0  [emitted]  common/vendor
                           app.json  234 bytes          [emitted]
               pages/logs/main.json   53 bytes          [emitted]

  Build complete.
```

图 10-17　代码构建过程

10.3　小结和练习

10.3.1　小结

本章通过学习 mpvue 框架，对比了除 WePY 框架以外的框架，让读者不再拘泥于 WePY 框架本身，而是能够使用更多、更好用的新框架。读者可以自己分析和使用其带来的优点和不足，扬长避短，选择适合自己的框架。

本章在开发小程序的过程中，多次提到两个框架之间的区别，目的是让读者理解技术本身从来不是限制一个开发者创造力的地方，只要掌握了基础的部分，任何的新技术和新框架都可以快速上手，如果需要熟练应用，只需要大量练习。

10.3.2 练习

本章 mpvue 技术的学习，让读者了解 mpvue 小程序的开发和 WePY 项目的不同之处。

- 分析 mpvue 和 WePY 及原生开发的优缺点，并指出不同。
- 尝试使用 mpvue 开发小程序，并对比运行速度、执行效率等。
- 学习 Vue.js 的相关内容，并尝试在 mpvue 或者 WePY 中使用第三方提供的工具包。

第 11 章
实战：使用 Taro 实现星座测试小程序

得益于微信巨大的用户体量和小程序的日渐普及，大量公司和个人开发者在微信平台上架了自己的小程序项目，市面上类似于小程序的应用环境，远远不止一家。

来自京东团队凹凸实验室的开源项目 Taro（名称来自泰罗·奥特曼，宇宙警备队总教官，实力最强的奥特曼）就是帮助开发者完成这些不同平台的小程序的开发和编译的。

本章涉及的知识点如下：

- Taro 框架的安装。
- 使用 Taro 框架创建和配置小程序。
- Taro 项目的编译和生成。

11.1 支持 React 语法的 Taro 框架

Taro 是一套遵循 React 语法规范的多端开发解决方案。现如今市面上"端"的形态多种多样，Web、React-Native、微信小程序等各种"端"大行其道，当业务要求同时在不同的"端"都有所表现的时候，针对不同的"端"去编写多套代码的成本显然非常高，这时候只编写一套代码就能够适配到多端就显得极为重要。

11.1.1 什么是 Taro

开源项目 Taro 的官网为 https://nervjs.github.io/taro/，GitHub 地址为 https://github.com/NervJS/taro。

来自支付宝的"支付宝小程序"，来自百度的"百度智能小程序"，来自字节跳动的"字节跳动小程序"，或者来自各大手机厂商的"快应用"，甚至同样来自腾讯的 QQ 浏览器"轻应用"等，这些"小程序"们的运行都基于 JavaScript 运行环境，功能逻辑甚至大同小异，但是对于开发者而言，这些"小程序"们的基础写法却不同。

Taro 为开发者提供了多端开发的解决方案。可以只书写一套代码，再通过 Taro 的编译工具，将源代码分别编译出可以在不同"端"（微信、百度、支付宝、字节跳动小程序，HTML 5，React-Native 等）运行的代码，其实现原理如图 11-1 所示。

图 11-1　Taro 实现原理

Taro 本身的实现情况类似于 mpvue，mpvue 的未来展望中也包含了支付宝小程序，在现在的版本中，也可以使用不同的构建命令来构建出百度小程序，如第 10 章所示。但是现在 Taro 先于

mpvue 实现了更多、更好的"一端开发，多端编译"开发方式。

Taro 的编写代码方式和 mpvue、WePY 框架最大的一个差别就是，Taro 并不是基于 Vue.js 的语法规范，而是遵循 React 语法规范，它采用与 React 一致的组件化思想，组件生命周期与 React 保持一致，同时支持 JSX 语法，让代码具有更丰富的表现力，使用 Taro 进行开发可以获得和 React 一致的开发体验。

采用 Taro 开发小程序具有以下的优秀特效：

- 支持使用 npm/yarn 安装管理第三方依赖。
- 支持使用 ES7/ES8 甚至更新的 ES 规范，一切都可自行配置。
- 支持使用 CSS 预编译器，例如 Sass 等。
- 支持使用 Redux 进行状态管理。
- 支持使用 Mobx 进行状态管理。
- 小程序 API 优化、异步 API Promise 化等。

11.1.2　Taro 快速入门

和 mpvue、WePY 项目一样，使用 Taro 开发项目，首先也要安装合适的 npm 和 Node.js 环境。

（1）Taro 项目的开发需要安装专用的 Taro 开发工具@tarojs/cli，可以使用如下命令全局安装，如图 11-2 所示。

```
npm install -g @tarojs/cli
```

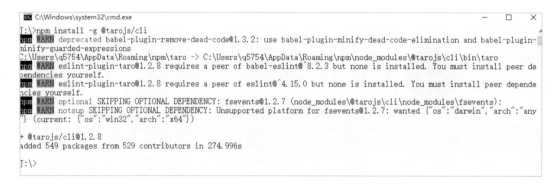

图 11-2　安装 Taro

（2）安装成功后，可以使用 taro -v 测试安装是否成功，如图 11-3 所示，此时可以进行 Taro 项目的开发。

```
J:\>taro -V
   Taro v1.2.8
1.2.8
J:\>
```

图 11-3 安装成功

（3）在项目文件夹中使用如下命令创建 Taro 小程序，如图 11-4 所示。

```
taro init myApp
```

图 11-4 使用 taro 创建项目

在项目创建过程中会自动创建 Git 环境并且使用 cnpm install 命令安装依赖，所以在创建项目成功后不需要手动在该项目程序中使用 npm install 或者 cnpm install 安装依赖，即可直接使用。

注意：npm 5.2 以上版本也可在不全局安装的情况下使用 npx 创建模板项目，使用 "npx @tarojs/cli init myApp" 创建项目。

在项目文件夹中自动生成的文件结构如图 11-5 所示。因为已经使用了 npm 安装，所以可以直接运行。

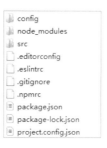

图 11-5　文件结构

（4）创建新的项目后，可以使用如下命令运行微信小程序，如果更改文件中的代码，会自动重新加载，如图 11-6 所示。

```
# npm script
$ npm run dev:weapp
$ npm run build:weapp
# 仅限全局安装
$ taro build --type weapp --watch
$ taro build --type weapp
```

图 11-6　自动监听改动，并且重新加载

11.2 使用 Taro 框架创建星座测试小程序

本节将会通过一个简单的星座测试小程序演示 Taro 开发小程序的步骤。

11.2.1 接口说明

API 接口地址如下所示。

https://www.uneedzf.com/wepyBook/api/getConstellation

因为星座不止一个，所以需要使用参数 constellation 来区分不同星座，参数值为十二星座之一。

通过 postman 测试接口地址，使用 GET 方式访问，其显示效果如图 11-7 所示。

图 11-7　API 显示效果

如果请求的内容中不包含相关的参数或者该参数并不是十二星座之一，会返回相关的错误信息；如果参数是十二星座之一，会从接口返回该星座今日的相关运势内容。

返回的数据具体说明如表 11-1 所示。

表 11-1　返回数据说明

返回内容	类型	说明
date	int	日期
name	String	星座名称
datetime	String	显示的日期String形式

续表

返回内容	类型	说明
all	String	当前星座运势的综合指数，一个百分比的形式
color	String	当前星座运势的幸运颜色
health	String	当前星座运势的健康指数，一个百分比的形式
love	String	当前星座运势的爱情指数，一个百分比的形式
money	String	当前星座运势的财运指数，一个百分比的形式
number	int	当前星座运势的幸运数字
QFriend	String	当前星座运势的速配星座，显示十二星座之一
summary	String	今日当前星座的基本运势概述，星座当日详情
work	String	当前星座运势的工作指数，一个百分比的形式

11.2.2 新建 Taro 小程序

测试接口没有问题之后，新建一个 Taro 工程，等待其成功创建后，配置小程序的相关测试和运行环境，使用如下代码让其处于监听修改实时编译的环境。

```
npm run dev:weapp
```

接下来编写相关的代码内容。

（1）打开 src 文件夹中的 app.js，设定显示的页面、详情的页面，更新后的 app.js 代码如下所示。

```
class App extends Component {

  config = {
    pages: [
      'pages/index/index',
      'pages/constellation/detail'
    ],
    window: {
      backgroundTextStyle: 'light',
      navigationBarBackgroundColor: '#fff',
      navigationBarTitleText: '星座运势',
      navigationBarTextStyle: 'black'
    }
  }
......
```

（2）在 pages 文件夹中新建一个文件夹 constellation，在其中新建一个 JavaScript 文件 detail.js，

再新建一个记录该文件的页面样式的 Less 文件 detail.less。

（3）detail.js 的基本框架内容如下所示，主要是在该页面引入对应的样式文件、引入 Taro 对象等基本的内容。

```
import Taro, {Component} from '@tarojs/taro'
import './detail.less'

export default class detail extends Component {
  config = {
    navigationBarTitleText: '详情'
  }
  componentWillMount() {
  }
  componentDidMount() {
  }
  componentWillUnmount() {
  }
  componentDidShow() {
  }
  componentDidHide() {
  }
  render() {
    return ()
  }
}
```

11.2.3 星座测试小程序主页

接下来编写星座测试小程序主页的内容，按照项目规划应当在主页中显示十二生肖的相关选项，这里使用一个数组循环显示。

（1）主页的代码如下所示。

```
import Taro, {Component} from '@tarojs/taro'
import {View, Image} from '@tarojs/components'
import Constellation from '../../component/constellation'
import bg from '../../public/bg.jpeg'
import './index.less'

export default class Index extends Component {
  config = {
```

```
      navigationBarTitleText: '首页'
    }
    render() {
      return (
        <View>
          <Image src={bg} mode='widthFix' class='bg' />
          <View class='content'>
            <View class='title'>
              今日星座运势
            </View>
            <Constellation></Constellation>
          </View>
        </View>
      )
    }
  }
```

代码采用了一个简单的图片组件作为页面的背景,并且引入了一个自定义组件,该组件位于 src|component 文件夹中,用于显示已经定义好的十二星座的显示和绑定的方法。

Taro 项目的编写采用 React 语法,所以引入本地静态文件应当使用 import 语句,如上述代码中的:

```
import bg from '../../public/bg.jpeg'
import './index.less'
```

使用 Taro 提供的 Image 组件可完成图片内容的显示,如下所示。

```
<Image src={bg} mode='widthFix' class='bg' />
```

此时显示效果如图 11-8 所示。

(2)为了美观,需要为页面增加一些样式。该页面已经引入了样式文件 index.less,所以页面的样式应该写在该文件中,代码如下所示。

```
.bg {
  position: fixed;
  width: 100vw;
  height: 100vh;
  z-index: 0;
  top: 0;
```

图 11-8　图片显示效果

```
}

.content {
  position: absolute;
}

.viewItem {
  width: 30vw;
  height: 30vw;
  border: 1px solid #eeeeee;
  margin-left: 2vw;
}

.title {
  padding-top: 5vw;
  padding-bottom: 5vw;
  width: 100vw;
  color: #fff;
  text-align: center;
}
```

11.2.4 星座测试小程序主页的组件

11.2.3 节提到了自定义的组件 constellation，那么在 src|component 文件夹下新建一个 JavaScript 文件 constellation.js，并且也为其创建样式文件 constellation.less。

组件代码如下所示。

```
import Taro, {Component} from '@tarojs/taro'
import {View, Image} from '@tarojs/components'
import './constellation.less'

//
class Constellation extends Component {
  // 跳转页面
  onTap(name) {
    console.log(name)
    // 跳转到目的页面，打开新页面
    Taro.navigateTo({
      url: '/pages/constellation/detail?constellation=' + name
    })
```

```
  }
  render() {
    // 这里最好初始化声明为'null'，初始化又不赋值的话
    // 小程序可能会报警：变量为 undefined
    const show = ['白羊座', '金牛座', '双子座', '巨蟹座', '狮子座', '处女座', '天秤座',
'天蝎座', '射手座', '摩羯座', '水瓶座', '双鱼座']
    let status = show.map((item) => {
      let tempItem = 'http://cdn.uneedzf.com/wepyBook/constellation/' + item +
'.jpg'
      return (
        <View class='item' onClick={this.onTap.bind(this, item)}>
          <View class='viewItem'>
            <Image src={tempItem} class='constellationPic' />
          </View>
          <View class='viewTitle'>{item}</View>
        </View>
      )
    })
    return (
      <View>
        {status}
      </View>
    )
  }
}
```

上述代码的意义在于，通过 JavaScript 的 map 循环将已经确定的数组（十二生肖）循环输出到相应的页面代码，赋值在 status 变量中，并且在最终输出的页面内容中显示出所有的星座内容，包括图片和文字。

除了输出十二星座的图片和文字，在一个星座的<View></View>组件中绑定一个监听单击的方法，因为是在组件中绑定的监听事件，所以需要使用.bind 的方式声明事件。

```
onClick={this.onTap.bind(this, item)}
```

单击该方法要执行的事件，需要在组件中声明，代码如下所示。使用 Taro 提供的跳转方式进行页面跳转，通过单击时传递一个星座的名称，然后将该名称加入跳转地址的参数中。

```
  // 跳转页面
  onTap(name) {
    console.log(name)
```

```
  // 跳转到目的页面，打开新页面
  Taro.navigateTo({
    url: '/pages/constellation/detail?constellation=' + name
  })
}
```

给十二个星座增加简单的样式代码，样式文件 constellation.less 的代码如下所示。

```
.viewItem {
  width: 30vw;
  height: 30vw;
  border: 1px solid #eeeeee;
}

.viewTitle{
  color: #fff;
  font-size: unit(30,rpx);
  width: 30vw;
  padding-top: 2vw;
  padding-bottom: 2vw;
  text-align: center;
}

.item{
  float: left;
  padding-left: 2vw;
}

.constellationPic{
  width: 100%;
  height: 100%;
}
```

这样就完成了十二星座的首页显示，如图 11-9 所示。

这样单击十二星座之一，就会跳转到地址为/pages/constellation/detail 的页面中，这个页面也已经在之前的 app.js 中定义过。

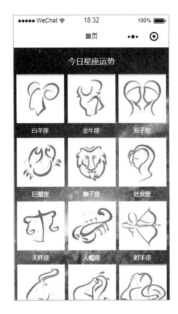

图 11-9　首页显示

11.2.5　星座测试详情页

在 pages 文件夹中创建文件夹 constellation，再在该文件夹中创建 JavaScript 文件 detail.js 和对应的样式 detail.less 文件，接下来在 detail.js 文件中编写页面的代码，如下所示。

```
import Taro, {Component} from '@tarojs/taro'
import './detail.less'
import {View, Progress} from "@tarojs/components";

export default class detail extends Component {

  state = {
    constellation: {},
    allNum: 0,
    healthNum: 0,
    loveNum: 0,
    moneyNum: 0,
    workNum: 0
  }
  config = {
    navigationBarTitleText: '详情'
```

```
  }

  componentWillMount() {
  }

  render() {
    return (
      <View class='page'>
      </View>
    )
  }
}
```

因为在上一个页面通过单击进入该页面时,单击的星座是通过路由地址传输的,而在 Taro 中,想要获取该页面路径参数,应当在 componentWillMount() {}中获取和调用,代码如下所示。

```
componentWillMount() {
  const params = this.$router.params
  // 获取所有参数
  const query = params.constellation
  // query 里面是链接上带的参数
  console.log(query)
  // 在这里获得该星座的内容
  this.getUserChoice(query)
}
```

该方法调用了一个使用获得的星座名称获取当日具体信息的方法 getUserChoice(),其代码如下所示。

```
getUserChoice(constellation) {
  Taro.request({
    url: 'https://www.uneedzf.com/wepyBook/api/getConstellation?constellation=' + constellation,
    data: {},
    header: {
      'content-type': 'application/json'
    }
  }).then((res) => {
    console.log(res.data)
    this.setState({
      constellation: res.data.data,
      allNum: res.data.data.all.slice(0, -1),
```

```
      healthNum: res.data.data.health.slice(0, -1),
      loveNum: res.data.data.love.slice(0, -1),
      moneyNum: res.data.data.money.slice(0, -1),
      workNum: res.data.data.work.slice(0, -1)
    })
  })
}
```

该方法使用 Taro 提供的请求方式 Taro.request()发起了一个 GET 请求，获得的服务器返回内容则使用 setState()方法赋值到各个页面变量中。其中%数据的获取因为接口返回的是字符串"100%"这样的形式，而 Progress 组件需要的是不带"%"符号的内容，所以需要切分这里的字符串。

这里获得了所有的数据，需要显示在页面中，使用如下代码显示页面内容。

```
render() {
  return (
    <View class='page'>
      <View class='title'>
        {constellation.name}
      </View>
      <View class='date'>
        {constellation.datetime}
      </View>
      <View class='date'>
        幸运色：{constellation.color}
      </View>
      <View class='friend'>
        友好星座：{constellation.QFriend}
      </View>
      <View class='summary'>
        {constellation.summary}
      </View>
      <View class='point'>
        综合指数
        <Progress activeColor='#c69ff7' percent={allNum} showInfo active />
      </View>
      <View class='point'>
        健康指数
        <Progress activeColor='#c4f79f' percent={healthNum} showInfo active />
      </View>
      <View class='point'>
        爱情指数
```

```
        <Progress  activeColor='#f79f9f' percent={loveNum} showInfo active />
      </View>
      <View class='point'>
        财运指数
        <Progress  activeColor='#f7f19f' percent={moneyNum} showInfo active />
      </View>
      <View class='point'>
        工作指数
        <Progress  activeColor='#9fbdf7' percent={workNum} showInfo active />
      </View>
    </View>
  )
}
```

为了样式好看，增加一些简单的样式，样式文件 constellation.less 的内容如下所示。

```
.viewItem {
  width: 30vw;
  height: 30vw;
  border: 1px solid #eeeeee;
}

.viewTitle{
  color: #fff;
  font-size: unit(30,rpx);
  width: 30vw;
  padding-top: 2vw;
  padding-bottom: 2vw;
  text-align: center;
}

.item{
  float: left;
  padding-left: 2vw;
}

.constellationPic{
  width: 100%;
  height: 100%;
}
```

这样就使用 Taro 框架完成了一个今日星座运势的小程序，用户单击每一个不同的星座，会进入该星座的运势详情页面,最终显示效果如图 11-10 所示。

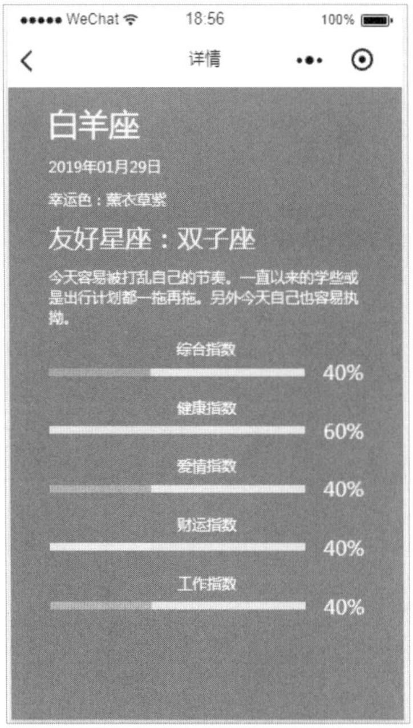

图 11-10 最终显示效果

11.3 项目编译与生成

Taro 项目最具有优势的内容是多端开发的解决方案,通过一套代码的编写,运行不同的编译方式,可以编译出支持不同平台的小程序代码。本节会测试这些编译方式。

Taro 并不是所有的内容都被各类小程序所支持的,不同小程序也因为平台的不同对部分 API 的支持不同,所以开发者为了开发全平台支持的小程序,需要尽可能地使用 Taro 提供的通用组件。

11.3.1 编译为微信小程序

微信小程序的编译预览及打包已经在之前的章节中使用过,不过在开发时使用的 npm run dev:weapp 适合于小程序开发时的实时编译,并不是用于生产环境的编译模式。生产环境中的编译可以使用如下代码实现打包:

```
npm run build:weapp
```

或者全局安装 Taro 之后，可以使用如下代码打包或编译：

```
taro build --type weapp --watch
taro build --type weapp
```

生成项目如图 11-11 所示。

图 11-11　生成项目

注意：--watch 参数用于设置是不是监听文件，如果修改文件，会自动重新打包编译。

11.3.2　编译为百度小程序

选择百度小程序模式，需要自行下载并打开百度开发者工具，然后在项目编译完后选择项目根目录下的 dist 目录预览。

可以使用如下代码在 CMD 中开启百度小程序的编译：

```
# npm script
npm run dev:swan
npm run build:swan
```

```
# 仅限全局安装
taro build --type swan --watch
taro build --type swan
```

该代码将 Taro 项目编译成了百度小程序,其生成的文件在 dist 目录中,如图 11-12 所示。

图 11-12 编译项目

可以使用百度小程序测试,首先需要在开发环境中安装百度小程序的测试环境,下载地址为 https://smartprogram.baidu.com/docs/develop/devtools/show_sur/。

然后在页面中选择适合自己系统的开发工具,并且安装,如图 11-13 所示。

图 11-13 安装百度开发工具

第 11 章 实战：使用 Taro 实现星座测试小程序

注意：该安装页面会保持比较长的时间，请读者稍作等待，不需要关闭。

安装完成后，单击"打开"按钮，并且选择刚刚编译的百度小程序（项目中的 dist 地址），百度小程序会自动编译，如图 11-14 所示。

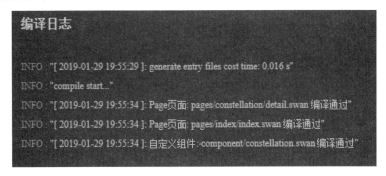

图 11-14 百度小程序自动编译

这样一个百度小程序就编译开发完成了，页面加载完毕后最终百度开发工具中的显示效果如图 11-15 所示。

图 11-15 百度开发工具中的显示效果

通过单击星座，可以自动跳转至详情页面，显示没有任何的问题，如图 11-16 所示。

• 317 •

图 11-16　百度小程序星座详情

11.3.3　编译为支付宝小程序

选择支付宝小程序模式，需要使用支付宝小程序开发者工具，使用如下编译语句：

```
# npm script
$ npm run dev:alipay
$ npm run build:alipay
# 仅限全局安装
$ taro build --type alipay --watch
$ taro build --type alipay
```

测试效果如图 11-17 所示。

可以使用支付宝小程序测试，首先需要在开发环境中安装支付宝小程序的测试环境，下载地址为 https://docs.alipay.com/mini/ide/overview。

注意：支付宝小程序 IDE 不仅支持小程序的开发，还支持支付宝小程序及插件、钉钉、mPaaS 等的开发。

安装页面如图 11-18 所示。

第 11 章 实战：使用 Taro 实现星座测试小程序

图 11-17 编译支付宝小程序

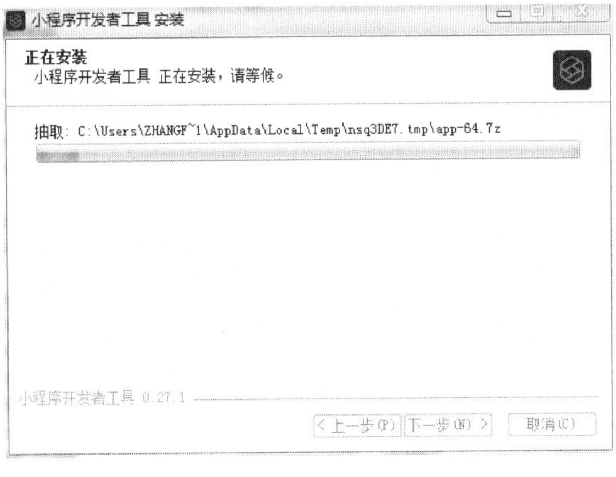

图 11-18 安装支付宝小程序

安装完成后，打开支付宝小程序，如图 11-19 所示，单击"打开"按钮找到 dist 文件夹并单击"确定"按钮。

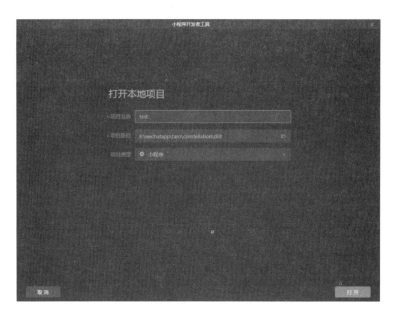

图 11-19　支付宝小程序

支付宝小程序开发助手会自动编译项目，结束后会在开发者工具中显示编译效果，如图 11-20 所示。

图 11-20　支付宝小程序

注意：支付宝小程序需要在开放平台配置后台的 httpRequest 中添加 API 请求的域名地址。

11.3.4 编译为其他小程序

Taro 也支持编译字节跳动小程序，只需要使用如下代码编译：

```
# npm script
npm run dev:h5
# 仅限全局安装
taro build --type h5 -watch
```

Taro 项目除了小程序也可以编译成基础的 HTML 5 页面，使用如下代码编译：

```
# npm script
npm run dev:h5
# 仅限全局安装
taro build --type h5 -watch
```

因为需要编译成 HTML5 页面，所以会使用新的 npm 包，等待自动完成之后即可。

11.4 小结和练习

11.4.1 小结

本章使用现在流行的新小程序框架 Taro 编写了一个星座测试小程序，也对框架做了简单介绍，相对于 mpvue 和微信官方提供的 WePY 小程序，使用 Taro 制作小程序更加灵活和便捷。

前面介绍的 3 种不同的小程序开发方式都有各自的优缺点，对于熟练使用 Vue.js 的开发者而言，mpvue 和 WePY 开发速度和上手速度会远远比 Taro 快，而对于熟练使用 React.js 的开发者而言，Taro 可能是一个非常好的选择。

11.4.2 练习

通过本章的学习，读者可以尝试使用 Taro 开发简单的小程序，并且可以尝试输出编译不同的小程序版本，测试在各个手机中的可用性。读者可以自行尝试使用 3 种不同的开发方式开发星座测试小程序，并分析其优缺点。

反侵权盗版声明

电子工业出版社依法对本作品享有专有出版权。任何未经权利人书面许可，复制、销售或通过信息网络传播本作品的行为；歪曲、篡改、剽窃本作品的行为，均违反《中华人民共和国著作权法》，其行为人应承担相应的民事责任和行政责任，构成犯罪的，将被依法追究刑事责任。

为了维护市场秩序，保护权利人的合法权益，我社将依法查处和打击侵权盗版的单位和个人。欢迎社会各界人士积极举报侵权盗版行为，本社将奖励举报有功人员，并保证举报人的信息不被泄露。

举报电话：(010)88254396；(010)88258888
传　　真：(010)88254397
E - mail：dbqq@phei.com.cn
通信地址：北京市万寿路173信箱
　　　　　电子工业出版社总编办公室
邮　　编：100036